普通高等工科教育机电类规划教材

工程计算方法基础

主　编　孙　进
副主编　曾　励　张网琴　刘晶晶
参　编　马煜中　杨　晗

机械工业出版社

本书以加强学习者工程计算方法基础为目的，总结了近年来编者的教学实践和教学改革经验，并参考了国内外同类教材和著作编撰而成。本书将大量工程计算实例渗透于各个章节，使学习者能够掌握计算方法在实际工程中的应用。

全书共分7章，包括绪论、解方程、方程组、插值、最小二乘法、数值微分和数值积分、常微分方程。书中每一章均有一定数量的典型例题和习题，便于读者学习和巩固所学的知识。

本书主要面向机电类专业“工程计算方法基础”课程本科生教学，也可供工程技术人员参考。对于专科生和少学时专业可以适当调整学时数选择使用。读者通过对本课程的学习，不仅能够掌握利用计算机进行科学计算和工程计算的基本思想和基本方法，还能够基本应用MATLAB进行工程数学建模和相应的数值分析。

本书为新形态教材，书中二维码可使用手机微信扫码后，观看相应内容。

图书在版编目（CIP）数据

工程计算方法基础/孙进主编．—北京：机械工业出版社，2018.5（2025.1重印）

普通高等工科教育机电类规划教材

ISBN 978-7-111-58833-7

Ⅰ.①工…　Ⅱ.①孙…　Ⅲ.①工程计算-计算方法-高等学校-教材　Ⅳ.①TB115

中国版本图书馆CIP数据核字（2018）第000068号

机械工业出版社（北京市百万庄大街22号　邮政编码100037）
策划编辑：余　皞　责任编辑：余　皞　汤　嘉
责任校对：王明欣　封面设计：张　静
责任印制：郜　敏
中煤（北京）印务有限公司印刷
2025年1月第1版第7次印刷
184mm×260mm · 11印张 · 265千字
标准书号：ISBN 978-7-111-58833-7
定价：29.80元

电话服务　网络服务
客服电话：010-88361066　机　工　官　网：www.cmpbook.com
010-88379833　机　工　官　博：weibo.com/cmp1952
010-68326294　金　书　网：www.golden-book.com
封底无防伪标均为盗版　机工教育服务网：www.cmpedu.com

前　言

按照2017年全国教育工作会议工作报告和工科专业工程教育认证以及《华盛顿协议》的要求，“工程计算方法”类课程已成为工科的必修课，目的在于加强工科学生的数学理论基础。在此背景下，我们编写了本书。读者通过本课程的学习，不仅能够掌握利用计算机进行科学计算和工程计算的基本思想和基本方法，而且能够提升使用计算机辅助工具——MATLAB进行数学建模和数值分析的能力。

本书符合党的二十大报告中关于“深入实施科教兴国战略、人才强国战略、创新驱动发展战略”的要求，在详细讲授基础理论知识的同时融入探索性实践内容，以增强学生的自信心和创造力，即用学科理论知识促进学生活跃思维、敢于创新，尽可能地将新思路在实践中进行创造性的转化，推动科学技术实现创新性发展。

全书共分7章，包括绪论、解方程、方程组、插值、最小二乘法、数值微分和数值积分、常微分方程。本书力求内容精练，重点突出，浅显易懂，并有创新，着眼于从应用的角度来描述数值方法，又能直接用计算机编程来实现这些方法，配合实际工程问题作为案例和补充，既突出基础知识训练，又对基本操作提供可靠的题型训练，逐步培养学生解决复杂工程问题的能力。

本书由孙进主编，曾励、张网琴、刘晶晶任副主编。第1章由张网琴编写，第2章由曾励、杨晗编写，第3章～第7章由孙进编写，应用实例和习题解答由刘晶晶、马煜中编写。马煜中、杨晗对全书的公式、图片进行了编校，全书由孙进修改并统稿。

本书在编写过程中得到了扬州大学出版基金的资助，并参考了同类教材和著作，在此表示感谢。

由于编者水平有限，书中难免存在错误和疏漏之处，恳请广大读者多提宝贵意见。

编　者

目　录

第1章　绪　　论

计算方法是数学科学的一个重要分支，它研究用计算机求解各种数学问题的数值计算方法及其理论与软件实现。用计算机解决科学计算问题时要经历以下过程：提出问题、建立数学模型、寻找数值计算方法、程序设计、上机计算求出结果。

计算方法的内容包括函数的数值逼近、数值微分与数值积分、非线性方程的数值解、方程组的数值解、常微分方程和偏微分方程数值解等，它们都是以数学问题为研究对象的，只是它不像纯数学那样只研究数学本身的理论，而是把理论与计算紧密结合，着重研究数学问题的计算方法及其理论。

众所周知，电子计算机具有极高的运算速度，但它只能根据给定的指令完成加、减、乘、除等算数运算和一些逻辑运算。因此，要使用计算机来求解各种数学问题，诸如方程求根、微分和积分的运算、求解大型线性方程组、微分方程的求解等，必须把求解过程归结为按一定规则进行一系列四则算数运算。计算机只能机械地执行人所给的指令而不会主动去思维，去进行创造性的工作。交给计算机执行的解题方法的每一步骤都必须加以准确的规定。我们把对数学问题的解法归结为有加、减、乘、除等基本运算并有明确运算顺序的完整而准确的描述，称为数值算法。“计算方法”就是以数学问题为对象，研究各种数值算法及其有关理论的一门学科。当然，计算方法也有许多自身的特点，解决实际问题时应该根据问题的要求和计算工具的性能，选择良好的算法，以较高的效率得到有用的结果。

1.1　什么是计算方法

计算多项式

$$P(x)=8x^5-x^4-3x^3+x^2-3x+1$$

在 $x=-\frac{1}{2}$ 处的值，最快捷的方法是什么？设法使求 $P\left(-\frac{1}{2}\right)$ 所需的加法和乘法的次数最少。

方法1

最直接的方法是

$$\begin{aligned}P\left(-\frac{1}{2}\right)=&8\times\left(-\frac{1}{2}\right)\times\left(-\frac{1}{2}\right)\times\left(-\frac{1}{2}\right)\times\left(-\frac{1}{2}\right)\times\left(-\frac{1}{2}\right)\\&-\left(-\frac{1}{2}\right)\times\left(-\frac{1}{2}\right)\times\left(-\frac{1}{2}\right)\times\left(-\frac{1}{2}\right)-3\times\left(-\frac{1}{2}\right)\times\left(-\frac{1}{2}\right)\times\left(-\frac{1}{2}\right)\\&+\left(-\frac{1}{2}\right)\times\left(-\frac{1}{2}\right)-3\times\left(-\frac{1}{2}\right)+1\\=&\frac{45}{16}\end{aligned}$$

需要 13 次乘法和 5 次加法。因为减法可以看成是加上一个负数，所以其中三次减法实际上是加法。

当然还有比它更好的方法。通过消除对 $-\frac{1}{2}$ 的重复相乘，可以减少一些运算。更好的策略是：首先计算 $\left(-\frac{1}{2}\right)^5$，同时存储计算过程中的部分积，这样就导出了以下方法。

方法 2

首先求出输入数 $x=-\frac{1}{2}$ 的各次幂，并把它们存储起来备用：

$$\left(-\frac{1}{2}\right)\times\left(-\frac{1}{2}\right)=\left(-\frac{1}{2}\right)^2$$
$$\left(-\frac{1}{2}\right)^2\times\left(-\frac{1}{2}\right)=\left(-\frac{1}{2}\right)^3$$
$$\left(-\frac{1}{2}\right)^3\times\left(-\frac{1}{2}\right)=\left(-\frac{1}{2}\right)^4$$
$$\left(-\frac{1}{2}\right)^4\times\left(-\frac{1}{2}\right)=\left(-\frac{1}{2}\right)^5$$

现在我们就可以把这些项加起来：

$$P\left(-\frac{1}{2}\right)=8\times\left(-\frac{1}{2}\right)^5-\left(-\frac{1}{2}\right)^4-3\times\left(-\frac{1}{2}\right)^3+\left(-\frac{1}{2}\right)^2-3\times\left(-\frac{1}{2}\right)+1$$

上式中有 4 个 1/2 的乘积以及 5 个相关乘积。总计我们已减少到 7 次乘法以及 5 次加法。将运算次数从 15 次减少到 8 次。对于 5 次多项式来说，第 2 种方法是否做得最好呢？我们还能再减少 2 次运算，方法如下。

方法 3

把多项式改写为下面的形式以便能依括号从内到外进行计算：

$$\begin{aligned}P(x)&=1+x(-3+x-3x^2-x^3+8x^4)\\&=1+x(-3+x(1-3x-x^2+8x^3))\\&=1+x(-3+x(1+x(-3-x+8x^2)))\\&=1+x(-3+x(1+x(-3+x(-1+8x))))\end{aligned}$$

这种方法称为嵌套乘法或 Horner 方法。计算该多项式仅用了 5 次乘法和 5 次加法。通常一个 d 次多项式能用 d 次乘法和 d 次加法进行计算。嵌套乘法与多项式运算的综合除法密切相关。

表 1.1　计算次数比较

	乘　法	加　法
方法 1	13	5
方法 2	7	5
方法 3	5	5

虽然多项式 $c_1+c_2x+c_3x^2+c_4x^3+c_5x^4$ 的标准形式能写成这种嵌套形式，

$$c_1+x(c_2+x(c_3+x(c_4+x(c_5))))$$

但是某些应用要求更一般的形式

$$c_1 + (x - r_1)(c_2 + (x - r_2)(c_3 + (x - r_3)(c_4 + (x - r_4)(c_5))))$$

这种形式，这里 r_1，r_2，r_3，r_4 称为基点（base point）。注意，在式中取 $r_1 = r_2 = r_3 = r_4 = 0$ 便恢复到原来的嵌套形式。下面的 MATLAB 代码提供了嵌套乘法的一般形式：

```
function y = horner(d,c,x,b)
if nargin < 4, b = zeros(d,1);
end
y = c(d+1);
for i = d: -1:1
  y = y.*(x - b(i)) + c(i);
end
```

运行这个 MATLAB 函数只是置换包括次数、系数、求值点及基点等输入数据。

例如可以用 MATLAB 命令

```
>> horner(5,[1  -3  1  -3  -1  8],-1/2,[0  0  0  0  0])
ans =
   45/16
```

来计算多项式 $P(x) = 8x^5 - x^4 - 3x^3 + x^2 - 3x + 1$ 在 $x = -\dfrac{1}{2}$ 处的值，就像我们以前用手算求得的一样，在执行指令时必须经由 MATLAB 路径（或在当前目录中）使用文件 horner. m。本书中给出的其余 MATLAB 代码的使用方法与此相同。

若 horner 指令用于所有基点都为 0 的情形，那么使用其简化形式

```
>> horner(5,[1  -3  1  -3  -1  8],-1/2)
ans =
   45/16
```

可以得到同样的结果这是由于 horner. m 中的 nargin 语句。假如输入参数的数量少于 4，那么就自动将基点设为 0。由于 MATLAB 中向量记法的无缝处理，这种 horner 指令可以立即对 x 的一组数值进行计算。以下代码可说明这一点：

```
>> horner(5,[1  -3  1  -3  -1  8],-1/2,[0  0  0  0  0])
ans =
   45/16
```

最后，3 次插值多项式

$P(x) = 1 + x\left(\dfrac{1}{2} + (x-2)\left(\dfrac{1}{2} + (x-3)\left(-\dfrac{1}{2}\right)\right)\right)$ 有基点 $r_1 = 0, r_2 = 2, r_3 = 3$，可以通过以

下代码计算出它在 $x=1$ 处的值。

```
>>  horner(3,[1  1/2  1/2   -1/2],1,[0,2,3])
ans =
     0
```

例 1.1 找出一种高效的方法来计算多项式

$$P(x)=5x^5+8x^8-9x^{11}+13x^{14}$$

解：一种想法是从各项中提出因子 x^5，并把其余部分写成 x^3 的多项式

$$P(x)=x^5(5+8x^3-9x^6+13x^9)$$

$$=x^5(5+x^3(8+x^3(-9+x^3(13))))$$

首先，对每一个输入 x，我们需要计算 $x\cdot x=x^2$，$x\cdot x^2=x^3$，以及 $x^2\cdot x^3=x^5$。这 3 次乘法连同与 x^5 的乘法，再加上关于 x^3 的 3 次多项式的 3 次乘法和 3 次加法，就给出了：每次计算总共需要 7 次乘法和 3 次加法运算。

1.2 二进制和十进制的转换

为了在计算机上存储数并且简化如加法和乘法这样的计算机运算，我们把十进制数从以 10 为基转化到以 2 为基。

二进制数表示如下

$$q_n\cdots q_0\cdots q_{-n} \tag{1.1}$$

这里每一个二进制数字的每一位数都是 0 或者 1，把这个数写成以 10 为基的形式就是

$$q_n2^n+\cdots+q_02^0+\cdots+q_{-n}2^{-n} \tag{1.2}$$

例如，十进制数 4 用以 2 为基的形式可以表示为 $(100.)_2$，而 3/4 可表示为 $(0.11)_2$。

1.2.1 十进制到二进制的转换

我们把十进制数 37.7 表示为 $(37.7)_{10}$，最简单的方法是把这个数分成整数和小数两部分，再分别转换。例如数 $(37.7)_{10}=(37)_{10}+(0.7)_{10}$。需把每一部分转换为二进制后再把结果合并起来。

整数部分把十进制整数转换为二进制的方法是：逐次与 2 相除并记录余数。从小数点开始记录余数 0 或 1，并自右向左移动余数。例如对于 $(37)_{10}$，我们有如下方法：

```
2 | 37   ……1
   2 | 18   ……0
      2 | 9   ……1
         2 | 4   ……0
            2 | 2   ……0
               2 | 1   ……1
                   0
```

因此，以 10 为基的数 37 能表成二进制数 100101，即记为 $(37)_{10}=(100101)_2$，检查这个结果，我们有 $100101=2^5+2^2+2^0=32+4+1=37$。

小数部分把上面各步骤反过来就能把 $(0.7)_{10}$转换成二进制数，逐次用 2 相乘并记录整数部分，从小数点向右移动记录的整数，就得到所要的二进制数。

注意，此过程每 4 步重复一次，并且以完全相同的方式多次重复。因此

$$
\begin{aligned}
0.7\times2&=0.4+1\\
0.4\times2&=0.8+0\\
0.8\times2&=0.6+1\\
0.6\times2&=0.2+1\\
0.2\times2&=0.4+0\\
0.4\times2&=0.8+0
\end{aligned}
$$

$(0.7)_{10}=(0.1011001100110\cdots)_2=(0.1\overline{0110})_2$，其中上面一杠的记号表示无穷多次重复的数位把这两部分结合起来，我们得到$(37.7)_{10}=(100101.1\overline{0110})_2$。

1.2.2 二进制到十进制的转换

把二进制数转换成十进制，也分成整数和小数两部分。

整数部分如之前做的那样，只要把 2 的各次幂简单地相加即可。二进制数 $(10101)_2$可简单地写成

$$1\times2^4+0\times2^3+1\times2^2+0\times2^1+1\times2^0=(21)_{10}$$

小数部分如果是有限的（以 2 为基的展开式是有限的），可用同样的方法进行。例如，

$$(.1011)_2=\frac{1}{2}+\frac{1}{8}+\frac{1}{16}=\left(\frac{11}{16}\right)_{10}$$

当小数部分不是有限的以 2 为基的展开式时，有几种方法能把无穷多次重复的二进制展开式转换成十进制分数。利用乘 2 以后便移位的性质是最简单的方法。

例 1.2 把 $x=(0.\overline{1011})_2$ 转换为十进制。

解：把 x 乘以 2^4，并把它放在二进制数的左边，然后再减去原来的数 x：

$$2^4x=1011.\overline{1011};\quad x=0000.\overline{1011}$$

相减后得到

$$(2^4-1)x=(1011)_2=(11)_{10}$$

解出 x，于是得到以 10 为基的数 $x=\dfrac{11}{15}$。

二进制数是机器计算的基础。但是人们认为它们太长而不便于理解，有时为了更容易地表示一个数，会用十六进制数（hexadecimal number）。十六进制数是用 16 个数字 0，1，2，…，9，a，b，c，d，e，f 来表示的。每个十六进制数可以用 4 个数位来表示。因此$(1)_{16}=(0001)_2$，$(8)_{16}=(1000)_2$，$(f)_{16}=(1111)_2=(15)_{10}$。

1.3 浮点数

1.3.1 定点数

设 r 为大于1的整数，a_i 为0，1，…，$r-1$ 中的某一个。位数有限的 r 进制正数可以写成

$$x \triangleq a_{l-1}a_{l-2}a_{l-3}\cdots a_0 \cdot a_{-1}a_{-2}a_{-3}\cdots a_{-m} \tag{1.3}$$

x 有 l 位整数，m 位小数。因为进位制的基数是 r，所以

$$x = a_{l-1}\cdot r^{l-1} + a_{l-2}\cdot r^{l-2} + \cdots + a_0 \cdot r^0 + a_{-1}\cdot r^{-1} + a_{-2}\cdot r^{-2} + \cdots + a_{-m}\cdot r^{-m}$$

当 $l=4$，$m=4$，$r=10$ 时，

$$109.312,\ 0.4375,\ 4236$$

分别表示为

$$0109.3120,\ 0000.4375,\ 4236.0000$$

这种把小数点永远固定在指定位置上，位数有限的数，称为定点数。当 $l=m=4$ 而 $r=10$ 时，八位定点非零数中，绝对值最小和最大的数分别为

$$\pm 0000.0001,\ \pm 9999.9999$$

由此可见，定点数所能表示的数的范围非常小。

1.3.2 浮点数

设 s 是十进制数，p 是十进制正负整数或零，数 x 可以用 s 和 10^p 的乘积来表示，即

$$x \triangleq s \times 10^p \tag{1.4}$$

再设 s 的整数部分等于零，即 s 满足条件

$$-1 < s < 1 \tag{1.5}$$

则 s 的小数点位置主要由整数 p 决定，即使用以表示 s 的位数和用以表示 p 的位数之和不大，也能表示绝对值相当大的数以及绝对值相当小的数。形如式(1.4)而满足条件（1.5）的十进制数 x，称为**十进制浮点数**。s 和 p 分别称为浮点数 x 的**尾数和阶数**。如果尾数的小数位数等于有限正整数 t，则把 s 称为 **t 位浮点数**。

此外，如果还要求尾数 s 小数点后第一位数字不等于零，也就是要求尾数 s 满足条件

$$10^{-1} \leqslant |s| < 1 \tag{1.6}$$

则形如式(1.4)而满足条件（1.6）的浮点数称为**十进制规格化浮点数**，例如数

$$0.004012,\ 0.3217,\ 284.5$$

的规格化浮点数分别为

$$0.4012 \times 10^{-2},\ 0.3217 \times 10^0,\ 0.2845 \times 10^3$$

只要 $x \neq 0$，则 x 一定可以表示为规格化浮点数。

上面定义了十进制浮点数和十进制规格化浮点数。设用任何大于1的整数作为数制的基数，并设 s 是 r 进制数，p 是 r 进制正负整数或零，则形如

$$x \triangleq s \times 10^p \tag{1.7}$$

并满足条件（1.7）的数称为 r **进制浮点数**，如果再让 s 的小数点后第一位数字不等于零，即 s 满足条件

$$r^{-1} \leqslant |s| < 1 \tag{1.8}$$

则形如式(1.7) 并满足条件（1.8）的 r 进制数 x 称为 r **进制规格化浮点数**。

1.4 误差

使用计算机求数学问题的数值解，由于下面一些原因会产生误差。

（1）**数据误差** 用计算机进行数值计算时，输入数据（初始数据）往往是近似的。例如，$\pi=3.14159265\cdots$，在计算机上只能取得有限位小数，如取$\pi\approx3.14159$，这就产生了误差。初始数据的这种误差称为数据误差。有的输入数据是由实验或观测得到的。由于观测手段的限制、测量仪器精密程度的影响，得到的初始数据也会有一定的误差。这种误差又称为观测误差。

（2）**截断误差** 求一级数的和或无穷序列的极限时，我们取有限项作为它们的近似值，它与级数和或极限之间的误差称为截断误差。例如，用 e^x 的幂级数展开式

$$e^x = 1 + x + \frac{1}{2!}x^2 + \frac{1}{3!}x^3 + \cdots + \frac{1}{n!}x^n + \cdots \tag{1.9}$$

计算 e^x 时，取级数的前 $n+1$ 项的部分和 S_n 作为 e^x 的近似：

$$e^x \approx 1 + x + \frac{1}{2!}x^2 + \frac{1}{3!}x^3 + \cdots + \frac{1}{n!}x^n$$

于是用 S_n 作为 e^x 近似时有截断误差：

$$e^x - S_n = \frac{e^\xi}{(n+1)!}x^{n+1} T = \frac{b-a}{2}(f(a)+f(b)) \tag{1.10}$$

它是由于截去 e^x 的幂级数展开的余项而产生的。又如用 Newton 法计算$\sqrt{2}$，我们取$\sqrt{2}\approx x_m$，其截断误差是$\sqrt{2}-x_m$。

（3）**离散误差** 在数值计算中，我们常常用近似公式来求数学问题的近似解。例如，求图 1.1 所示曲边梯形 $abBA$ 的面积：

$$S = \int_a^b f(x)\,dx$$

若用梯形 $abBA$ 的面积

$$T = \frac{b-a}{2}(f(a)+f(b))$$

作为 S 的近似值，则产生误差 $S-T$，这种误差称为离散误差。该误差是由于把连续型问题离散化而产生的。

截断误差和离散误差统称为方法误差。它是用数值方法求数值问题的近似解时由于使用近似公式导致数学问题的精确解与近似解之间产生的误差。

（4）**数值计算过程中的误差** 计算器或计算机只有有限位计算能力，用数值方法解数学问题一般不能求得问题的精确解。在进行数值计算的过程中，初始数据或计算的中间结果数据要用“四舍五入”或其他规则取近似值。由此产生的误差称为舍入误差。

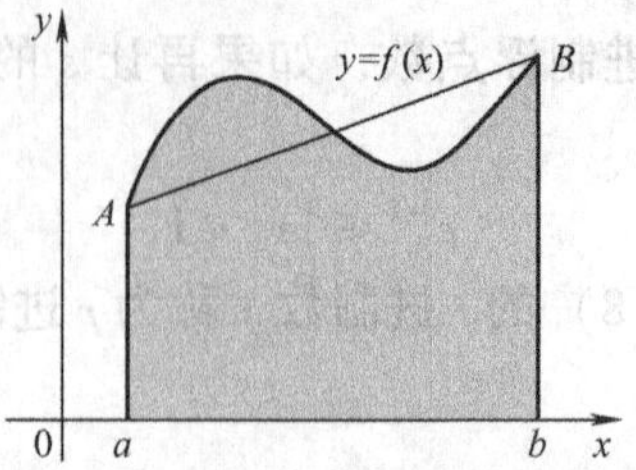

图 1.1 曲边梯形面积计算误差

在一种数值方法中，通常至少有上述一种误差出现。在许多数值方法中，会有上述多种误差出现。衡量误差大小有两种方法：一是绝对误差，二是相对误差。假设某一量的精确值（真值）为 x，$\bar{x}$ 是 x 的一个近似值，我们称 $\bar{x}$ 与 x 的差 $e_{\bar{x}} = x - \bar{x}$ 为 $\bar{x}$ 的绝对误差，$r_{\bar{x}} = \frac{x-\bar{x}}{x}$ 为 $\bar{x}$ 的相对误差。

1.5 在设计算法时应注意的问题

解决数值问题时，设计精确的算法是必需的。而衡量算法优劣的标准一般有：运算次数的多少，运算过程是否有规律，得出的中间结果有多少，运算方案能否保证结果的精度等。这里我们提出如下一些建议：

1. 尽量减少运算步骤；
2. 避免两个相近的数相减；
3. 避免除数绝对值太小；
4. 避免绝对值相差很大的两个数进行加减运算；
5. 算法或公式要稳定；
6. 设法控制误差的传播。

例 1.3 求以下方程的根：

$$x^2 - 18x + 1 = 0$$

解：由一元二次方程解的公式可得所给方程的两根为

$$x_1 = 9 + \sqrt{80},\ x_2 = 9 - \sqrt{80}$$

用八位浮点数计算，

$$\sqrt{80} \approx 0.89442719 \times 10$$

得到 $x_1 \approx 0.17944272 \times 10^2$，$x_2 \approx 0.55728090 \times 10^{-1}$

用四位浮点数计算，

$$\sqrt{80} \approx 0.8944 \times 10$$

得到 $x_1 \approx 0.1794 \times 10^2$，$x_2 \approx 0.5600 \times 10^{-1}$

和用八位浮点数计算所得结果比较，x_1 比较精确，x_2 误差较大。

在求出了 x_1 之后，如果按照如下方法计算 x_2 就比较可靠

$$x_2 = \frac{1}{x_1} = \frac{1}{9+\sqrt{80}} \approx 0.5574 \times 10^{-1}$$

因为 $9-\sqrt{80}=\dfrac{1}{9+\sqrt{80}}$ 左右相等，当用 0.8944×10 作为 $\sqrt{80}$ 的近似值，用四位浮点数分别计算此式的两端时，结果的精度却不同。其原因是两个接近数的相对误差较大。

必须指出：按公式 $x_2=9-\sqrt{80}$ 求 x_2 时，减法本身完全正确，只不过是用的 $\sqrt{80}$ 的值有误差，而且误差并不大。但是这个不大的误差在进行了减法以后，导致了严重的后果。由此可见，研究误差的传播十分重要。

所以在一般情况下，当 $|\delta|\ll|x|$ 时，我们采用如下公式计算 $\sqrt{x+\delta}-\sqrt{x}$ 的值。

$$\sqrt{x+\delta}-\sqrt{x}=\frac{\delta}{\sqrt{x+\delta}+\sqrt{x}}$$

例 1.4 求方程 $x^2+(\alpha+\beta)x+10^9=0$ 的根，其中 $\alpha=-10^9$，$\beta=-1$

解： 用二次方程求根公式 $x=\dfrac{-b\pm\sqrt{b^2-4ac}}{2a}$（用八位机计算），这里 $a=1$，$b=\alpha+\beta=-0.1\times10^{10}-0.0000000001\times10^{10}\approx-0.1\times10^{10}$，$c=10^9$，可得

$$\begin{aligned}b^2-4ac&\approx10^{18}-4\times1\times10^9\\&=0.1\times10^{19}-0.0000000004\times10^{19}\\&\approx0.1\times10^{19}\\&=10^{18}\end{aligned}$$

可以推导出

$$x_{1,2}\approx\frac{10^9\pm10^9}{2}=\begin{cases}10^9\\0\end{cases}$$

而此方程的根应该是 $x_1=10^9$，$x_2=1$，计算机所得的结果中，一个结果是正确的，另一个结果发生了错误，原因是进行加减法时要对阶，大数吃掉了小数，而且又出现了两个大小相同的数相减，丧失了大量的有效数字，因此 x_2 的精度很差，但若换一种方法，利用韦达定理有

$$\begin{cases}x_1+x_2=-\dfrac{b}{a}\\[2ex]x_1x_2=\dfrac{c}{a}\end{cases}\Rightarrow\begin{cases}x_1=\dfrac{-b-\operatorname{sign}(b)\sqrt{b^2-4ac}}{2a}=10^9\\[2ex]x_2=\dfrac{c}{ax_1}=\dfrac{10^9}{10^9}=1\end{cases}$$

其中 $\operatorname{sign}(x)=\begin{cases}1, & x>0\\-1, & x<0\end{cases}$ 为符号函数，这样计算结果就变得正常了，此方程避免了大数吃掉小数的影响。

1.6 MATLAB 简介

MATLAB 是美国 MathWorks 公司出品的商业数学软件，用于算法开发、数据可视化、数据分析以及数值计算的高级技术计算语言和交互式环境，主要包括 MATLAB 和 Simulink 两大部分。它将数值分析、矩阵计算、科学数据可视化以及非线性动态系统的建模和仿真等诸多强大功能集成在一个易于使用的视窗环境中。

MATLAB 可以进行矩阵运算、绘制函数和数据、实现算法、创建用户界面、在其开发工作界面连接其他编程语言的程序等，主要应用于工程计算、控制设计、信号处理与通信、图像处理、信号检测、金融建模设计与分析等领域。

1.6.1 MATLAB 中常用的基本数学函数

abs(x)：纯量的绝对值或向量的长度

angle(z)：复数 z 的相角（Phase angle）

sqrt(x)：开平方

real(z)：复数 z 的实部

imag(z)：复数 z 的虚部

conj(z)：复数 z 的共轭复数

round(x)：四舍五入至最近整数

fix(x)：无论正负，舍去小数至最近整数

floor(x)：地板函数，即舍去正小数至最近整数

ceil(x)：天花板函数，即加入正小数至最近整数

rat(x)：将实数 x 化为分数表示

rats(x)：将实数 x 化为多项分数展开

sign(x)：符号函数（Signum function）。

当 $x<0$ 时，$\mathrm{sign}(x)=-1$

当 $x=0$ 时，$\mathrm{sign}(x)=0$

当 $x>0$ 时，$\mathrm{sign}(x)=1$

1.6.2 MATLAB 的矩阵基本数学运算

1. 四则运算

在满足矩阵数学运算的前提下，其加、减、乘运算符分别为“+”“-”“*”，其用法与数字运算相同。MATLAB 中矩阵的除法有两种形式：左除（“\”）和右除（“/”），右除等于乘矩阵的逆。

另外“.*”“.\”和“./”为两同维矩阵对应元素之间的乘除法。

2. 基本函数运算

det(A)：求矩阵 A 的行列式

eig(A)：求矩阵 A 的特征值

inv(A)、A^-1：求矩阵 A 的逆矩阵

A'：求矩阵 A 的转置

A = zeros(n)：生成 n 阶零方阵

X = ones(n, 1)：生成值为 1，长度为 n 的列向量

3. 冒号运算

冒号运算用于矩阵行、列下标运算。

A(:) 表示将 A 中的全部元素按列优先生成一个列向量

A(:, j) 表示取 $\boldsymbol{A}$ 中的第 j 列元素

A(i, :) 表示取 $\boldsymbol{A}$ 中的第 i 行元素

A(i: i+k) 表示取 $\boldsymbol{A}$ 中的第 i 个到第 $i+k$ 个元素

A(i, j) 表示取 $\boldsymbol{A}$ 中的第 i 行，第 j 列元素

i=1: n; 表示循环 for i=1: n

若要输入矩阵，则必须在每一行结尾加上分号（;），如下例：

输入 A=[1 2 3 4; 5 6 7 8; 9 10 11 12];

得到 A=

```
1    2    3    4
5    6    7    8
9    10   11   12
```

再输入 A=[A; 4 3 2 1] %加入第四行

得到 A=

```
1    2    3    4
5    6    7    8
9    10   11   12
4    3    2    1
```

再输入 A([1 4], :) = [ ] %删除第一行和第四行（: 代表所有行）

得到 A=

```
5    6    7    8
9    10   11   12
```

这几种矩阵处理的方式可以相互叠代运用，产生各种意想不到的效果，就看读者的巧思和创意。在 MATLAB 的内部资料结构中，每一个矩阵都是一个以行为主（Column-oriented）的阵列（Array），因此对于矩阵元素的存取，我们可用一维或二维的索引（Index）来定址。举例来说，在上述矩阵 $\boldsymbol{A}$ 中，位于第二行、第三列的元素可写为 A(2, 3)（二维索引）或 A(6)（一维索引，即将所有直行进行堆叠后的第六个元素）。

1.6.3 MATLAB 绘图

强大的绘图功能是 MATLAB 的特点之一，MATLAB 提供了一系列的绘图函数，用户不需要过多考虑绘图的细节，只需要给出一些基本参数就能得到所需图形，这类函数称为高层绘图函数。此外，MATLAB 还提供了直接对图形句柄进行操作的低层绘图操作。这类操作将图形的每个图形元素（如坐标轴、曲线、文字等）看作一个独立的对象，系统给每个对象分配一个句柄，可以通过句柄对该图形元素进行操作，而不影响其他部分。这里主要介绍绘制二维图形绘图函数的基本使用方法。

二维图形是将平面坐标上的数据点连接起来的平面图形。可以采用不同的坐标系，如直角坐标、对数坐标、极坐标等。二维图形的绘制是其他绘图操作的基础。

在 MATLAB 中，最基本而且应用最为广泛的绘图函数为 plot，利用它可以在二维平面上绘制出不同的曲线。

plot 函数用于绘制二维平面上的线性坐标曲线图，要提供一组 x 坐标和对应的 y 坐标，可以绘制分别以 x 和 y 为横、纵坐标的二维曲线。plot 函数的应用格式：

plot(x, y) 其中 x，y 为长度相同的向量，存储 x 坐标和 y 坐标。

例 1.5 在［0，2pi］区间，绘制如下曲线

程序如下：在命令窗口中输入以下命令

```
>> x=0:pi/100:2*pi;
>> y=2*exp(-0.5*x).*sin(2*pi*x);
>> plot(x,y)
```

解：程序执行后，打开一个图形窗口，在其中绘制出如图 1.2 所示曲线

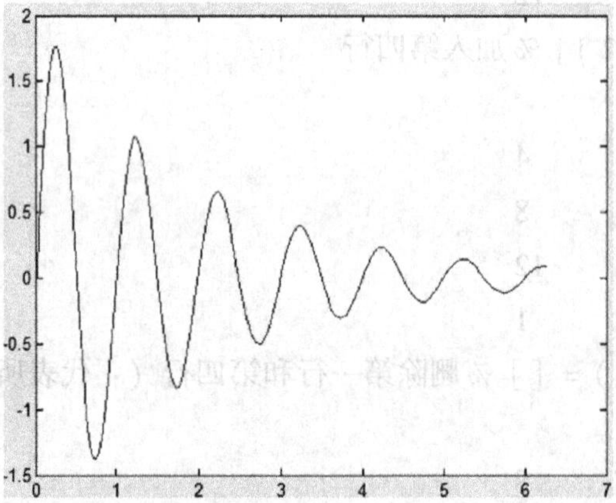

图 1.2 plot 绘制曲线

如果给定的是参数方程，如以下程序

```
>> t=-pi:pi/100:pi;
>> x=t.*cos(2*t);
>> y=t.*sin(t).*sin(t);
>> plot(x,y)
```

这是以参数形式给出的曲线方程，只要给定参数向量，再分别求出 x，y 向量即可输出曲线，程序执行后，绘制出如图 1.3 所示曲线

图形标注

在绘制图形时，可以对图形加上一些说明，如图形的名称、坐标轴说明以及图形某一部分的含义等，这些操作称为添加图形标注。有关图形标注函数的调用格式为：

```
title('图形名称')(都放在单引号内)
xlabel('x轴说明')
ylabel('y轴说明')
text(x,y,'图形说明')
```

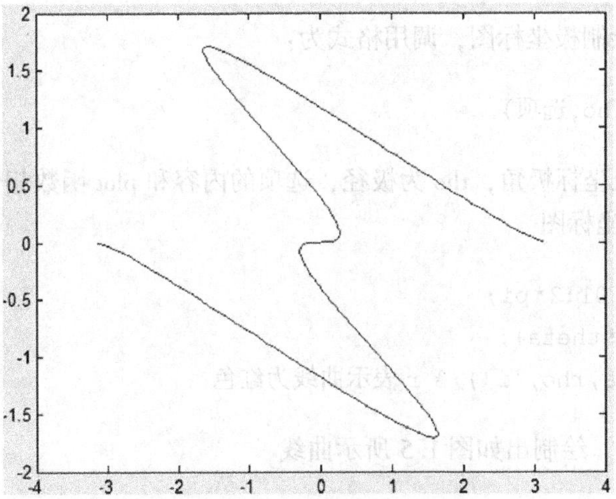

图 1.3 plot 绘制参数方程曲线

当含多个输入参数时，plot 函数可以包含若干组向量对，每一组可以绘制出一条曲线。含多个输入参数的 plot 函数调用格式为：

```
plot(x1,y1,x2,y2,…,xn,yn)
```

如下列命令可以在同一坐标中画出 3 条曲线。

```
>> x=linspace(0,2*pi,100);
>> plot(x,sin(x),x,2*sin(x),x,3*sin(x))
```

程序执行后，绘制出如图 1.4 所示曲线

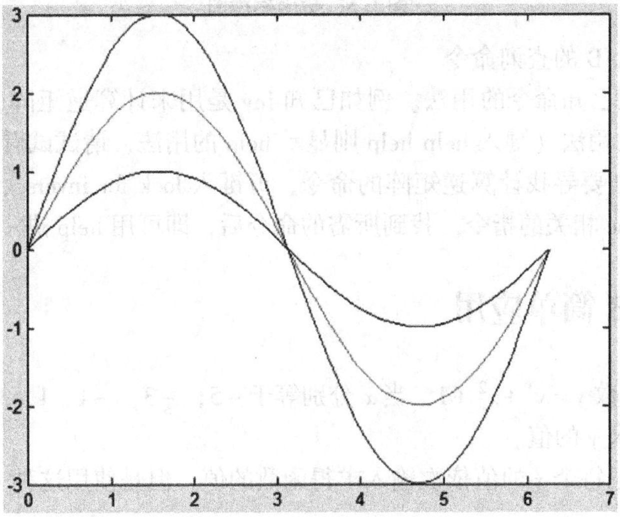

图 1.4 plot 绘制多条曲线

极坐标图

polar 函数用来绘制极坐标图，调用格式为：

```
polar(theta,rho,选项)
```

其中，theta 为极坐标极角，rho 为极径，选项的内容和 plot 函数相似。

例 1.6 绘制极坐标图

```
>> theta = 0:0.01:2*pi;
>> rho = sin(3*theta);
>> polar(theta,rho,'r');% r表示曲线为红色
```

解：程序执行后，绘制出如图 1.5 所示曲线

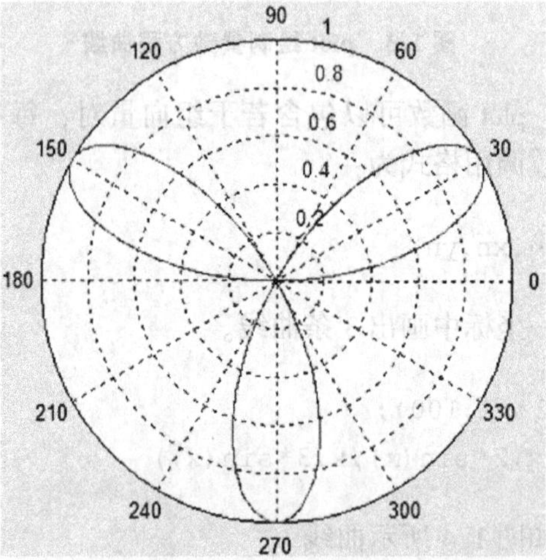

图 1.5 极坐标绘图

小提示：MATLAB 的查询命令

help：用来查询已知命令的用法。例如已知 inv 是用来计算逆矩阵，键入 help inv 即可得知有关 inv 命令的用法（键入 help help 则显示 help 的用法，请试试看）。look for：用来寻找未知的命令。例如要寻找计算逆矩阵的命令，可键入 look for inverse，MATLAB 即会列出所有和关键字 inverse 相关的指令。找到所需的命令后，即可用 help 进一步找出其用法。

1.7 MATLAB 简单应用

例 1.7 现有函数 $y = x^3 + x^2 + 1$，当 x 分别等于 −5，−3，−1，1，3，5 时，在 MATLAB 中使用便捷的方法求 y 的值。

解：我们可以把每个 x 的值依次输入求得函数的值，但是使用这种方法步骤较多，耗费时间长。

例如先求 $x = -5$ 时，在命令窗口输入以下代码，可以得到

```
>> x = -5
x =
     -5
>> y = x^3 + x^2 + 1
y =
     -99
>>
```

我们也可以采取如下的矩阵方式直接求得所有的值：

```
>> x = [ -5   -3   -1   1   3   5]
x =
     -5     -3     -1     1     3     5
>> y = x. ^3 + x. ^2 + 1
y =
     -99    -17     1     3     37     151
>>
```

也可以把上述程序编写成 M 文件，然后在 command 里调用，求出结果。流程图如下：

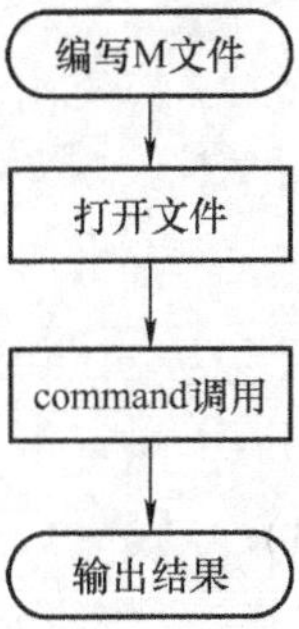

应用实例

为解决大规模数值计算，人类研制出电子计算机。冯·诺依曼教授首先提出计算机体系结构。计算机技术发展的同时人类计算能力受到新的挑战。数值分析的基本思想是研究用计算机求解数学问题的方法和理论，例如非线性方程求根、线性方程组求解、数据插值、数据拟合、数值积分、求微分方程数值解等。

三种常用的技术：

1）求未知数据的迭代计算技术；

2）连续模型离散化处理技术；

3）离散数据的连续化处理技术。

本课程以数学问题为对象，介绍适用于科学计算与工程计算的基础理论和基本方法。通过本课程的学习，要求学生正确理解计算方法所涉及的基本概念，掌握利用计算机进行科学计算和工程计算的基本思想和基本方法。本课程培养学生的数学建模能力、程序设计能力，以及数值分析能力，为后续学习相关专业课打好理论基础和方法基础。

例 1.8 使用 polyval 计算函数 $y=3x^4-7x^3+2x^2+x+1$ 在 $x=2.5$ 处的值。

解：在 MATLAB 命令窗口输入

```
>> c=[3,-7,2,1,1];xi=2.5;yi=polyval(c,xi)
```

执行结果如下

```
yi =
  23.8125
```

如果 xi 是含有多个横坐标值的数组，则 yi 也为与 xi 长度相同的向量。

在 MATLAB 命令窗口输入

```
>> c=[3,-7,2,1,1];xi=[2.5,3];yi=polyval(c,xi)
```

执行结果如下

```
yi =
  23.8125  76.000
>> clear
```

小练习：

试用 polyval 求解多项式的值

$y=2x^5-8x^4+2x^2+7x+1$，$(x=2.3)$

$y=3x^4+x^3+x$，$(x=6.7)$

$y=3x^3+4x^2+x+2x^{-1}+4$，$(x=3.3)$

例 1.9 符号表达式的因式分解和展开运算，可用函数 factor 和 expand 来实现，其调用格式为：

factor(s)：对符号表达式 s 分解因式。

expand(s)：对符号表达式 s 进行展开。

解：1）对 $s1=x^3-6x^2+11x-6$ 进行因式分解

在 MATLAB 命令窗口输入命令，

```
>> syms x y;
>> s1=x^3-6*x^2+11*x-6;
>> factor(s1)
```

执行结果如下

```
ans =
(x-3)* (x-1)* (x-2)
```

2）对 $s2=(x-y)(x+y)$ 进行展开

在 MATLAB 命令窗口输入命令

```
>> syms x y;
>> s2 =(x-y)* (x+y);
>> expand(s2)
```

执行结果如下

```
ans =
x^2 - y^2
```

小练习：

对下列式子因式分解

（1）$w=x^3-x^2+x-1$；　　　　（2）$w=x^2-x-y^2-y$。

对下列式子因式展开

（1）$w=(x+8)(x-5)(x+1)$；　（2）$w=(x+1)(y-5)(z+3)$。

在实际问题中，例如螺栓组联结的优化设计

图1.6所示的压力容器螺栓组联结中，已知 $D_1=400\text{mm}$，$D_2=250\text{mm}$，缸内工作压力为 $p=1.5\text{MPa}$，螺栓材料为35号钢，$\sigma_s=320\text{MPa}$，安全系数 $S=3$，取残余预紧力 $Q_p'=1.6F$，采用铜皮石棉密封垫片。现从安全、可靠、经济的角度来选择螺栓的个数 n 和螺栓的直径 d。

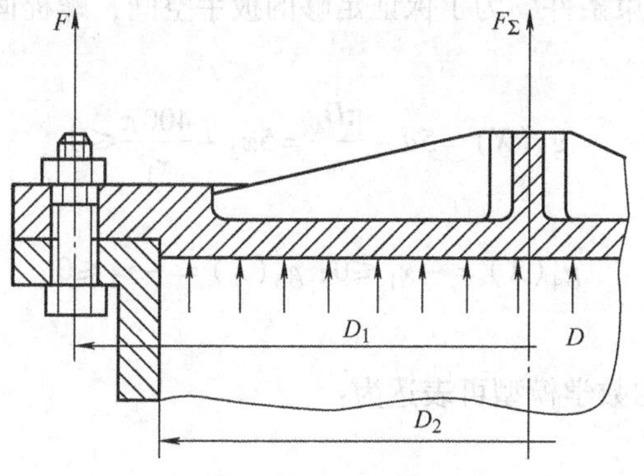

图1.6 压力容器螺栓组

1. 设计问题分析

若从经济性考虑，螺栓数量尽量少些、尺寸小些，但这会降低联结的强度和密封性，不能保证安全可靠的工作；若从安全、可靠度考虑，螺栓数量应多一些、尺寸大一些为好，显然经济性差，甚至造成安装扳手空间过小，操作困难。为此，该问题的设计思想是：在追求螺栓组联结经济成本最小化的同时，还要保证联结工作安全、可靠。

2. 设计变量 目标函数 约束条件

（1）**设计变量** 选取螺栓的个数 n 和直径 d(mm) 为设计变量：

$$\boldsymbol{X}=[n \quad d]^{\mathrm{T}}=[x_1 \quad x_2]^{\mathrm{T}}$$

（2）**目标函数** 追求螺栓组联结经济成本 C_n 最小为目标。而当螺栓的长度、材料和加工条件一定时，螺栓的总成本与 nd 值成正比，所以本问题优化设计的目标函数为

$$\min F(x)=C_n=nd=x_1x_2$$

（3）**约束条件**

1）**强度约束条件** 为了保证安全可靠地工作，螺栓组联结必须满足强度条件

$$\sigma_{\mathrm{ca}}=\frac{5.2Q}{3\pi d_1^2}\leqslant[\sigma]$$

其中

$$[\sigma]=\frac{\sigma_{\mathrm{s}}}{S}=\frac{320}{3}=106\mathrm{MPa}$$

$$Q=Q_{\mathrm{P}}'+F=1.6F+1F=2.6F=2.6\times\frac{\pi D_2^2}{4n}p=2.6\times1.5\,\frac{\pi250^2}{4n}=60937.5\,\frac{\pi}{n}\mathrm{N}$$

对于粗牙普通螺纹：由设计手册推荐，小径 $d_1=0.85d$ 所以，强度约束条件为：

$$g_1(X)=\frac{105625}{nd_1^2}-106\approx\frac{146194}{nd^2}-106=\frac{146194}{x_1x_2^2}-106\leqslant0$$

2）**密封约束条件** 为了保证密封安全，螺栓间距应小于 $10d$，所以，密封约束条件为：

$$g_2(X)=\frac{\pi D_1}{n}-10d=\frac{400\pi}{x_1}-10x_2\leqslant0$$

3）**安装扳手空间约束条件** 为了保证足够的扳手空间，螺栓间距应大于 $5d$，所以，安装约束条件为：

$$g_3(X)=5d-\frac{\pi D_1}{n}=5x_2-\frac{400\pi}{x_1}\leqslant0$$

4）**边界约束条件**

$$g_4(X)=-x_1\leqslant0;\ g_5(X)=-x_2\leqslant0$$

3. 建立数学模型

综上所述，本问题的数学模型可表达为：

设计变量：

$$\boldsymbol{X}=[x_1 \quad x_2]^{\mathrm{T}}$$

目标函数：

$$\min F(x)=x_1x_2$$

约束条件：

$$\text{s.t. } g_i(X)\leqslant0 \quad (i=1,2,3,4,5)$$

现运用 MATLAB 的优化函数进行求解：

先编写 M 文件

```
function [c,ceq] = mynlsub(x)
c(1) =146194/(x(1)*x(2)^2) -106;          % 非线性不等式约束
c(2) =400*pi/x(1) -10*x(2);
c(3) = -400*pi/x(1) +5*x(2);
ceq = [];                                 % 非线性等式约束
```

在 MATLAB 命令窗口输入:

```
fun = 'x(1)*x(2)';                        % 目标函数
x0 = [4,6];                               % 设计变量初始值
A = [ -1,0;0, -1];                        % 线性不等式约束矩阵
b = [0;0];
Aeq = [];                                 % 线性等式约束矩阵
beq = [];
vlb = [];                                 % 边界约束矩阵
vub = [];
[x,fval] = fmincon(fun,x0,A,b,Aeq,beq,vlb,vub,@ mynlsub)      % 调用有约束优化函数
```

运行结果如下:

```
x =
   11.4499   10.9751
fval =
   125.6637
```

所以,该问题优化结果为:$n = 11.4499$,$d = 10.9751$,目标函数最小值:

$$f(x) = 125.6637$$

根据实际问题的意义取整、标准化:$n = 12$,$d = 12$。

由此例可以看出,与其他编程语言相比,MATLAB 语言可以简化编程。

图 1.7 所示是调用 MATLAB 绘图函数自动绘制上例的数学模型要素图,在 MATLAB 命令窗口输入:

```
x1 =0.1:0.1:20;
y1 =146194./(106.*x1.^2);
y2 =400.*pi./(10.*x1);
y3 =400.*pi./(5.*x1);
plot(y1,x1,y2,x1,y3,x1,x(1),x(2),'o')
y4 =0.1:0.1:20;
```

```
[y4,x1]=meshgrid(y4,x1);
Q=y4.*x1;
hold on;
[c,h]=contour(y4,x1,Q);
hold on;
clabel(c,h)
```

从上述实例可以看出，利用 MATLAB 求解最优化问题具有编程简单，精度很高，速度很快，各种工形式的最优化问题都适用等优点，巧妙利用 MATLAB 语言及各种数值分析的方法可以取得事半功倍的效果。

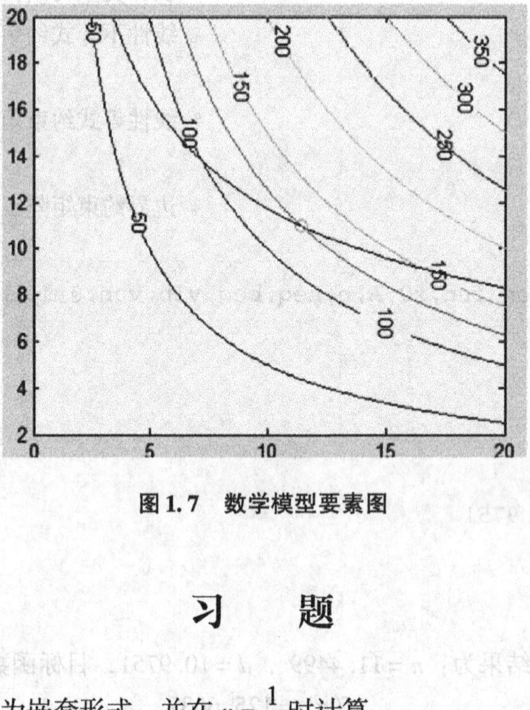

图 1.7　数学模型要素图

习　　题

1. 改写下列多项式为嵌套形式，并在 $x=\dfrac{1}{3}$ 时计算

(a) $P(x)=6x^4+x^3+5x^2+x+2$；

(b) $P(x)=2x^4+x^3-x^2+1$；

(c) $P(x)=-3x^4+4x^3+5x^2-5x+3$。

2. 把 $P(x)$ 看成 x^2 的多项式，并用嵌套乘法计算当 $x=\dfrac{1}{2}$ 时，$P(x)=x^6-4x^4+2x^2+3$ 的值。

3. 求基为 10 的下列整数的二进制表示，用上面一杠的记法表示无限二进制量。

(a) 64；　(b) 17；　(c) 79；　(d) 227；　(e) 12.8。

4. 把下列二进制量转换成以 10 为基的数：

(a) 1010101；(b) 1011.101；(c) $10111.\overline{01}$。

5. 怎样计算下列各式才能减小误差

(a) $\sin(x+\varepsilon)-\sin x$；

(b) $\sqrt{1+x}-\sqrt{x}$；

(c) $\ln x_1-\ln x_2$。

6. 设函数$f(x)=\ln(x-\sqrt{x^2-1})$，求$f(30)$的值。若开平方用六位小数表示，则求对数时误差有多大？若改用另一个等价公式$\ln(x-\sqrt{x^2-1})=-\ln(x+\sqrt{x^2-1})$计算，求对数时误差有多大？

“两弹一星”功勋科学家：最长的一天

“两弹一星”功勋科学家：王大珩

第 2 章　解　方　程

方程求解是科学计算中最基本的问题之一，本章介绍寻找方程 $f(x)=0$ 的解 x 的许多迭代方法，这些方法也具有十分重要的实用价值。此外，这些方法阐明了收敛性和复杂性在科学计算中的核心作用。因为对于此类方程，一般来说，即使存在根，也往往不能用公式表示，或者根的表达式比较复杂，难以计算它的近似值。所以研究根的数值方法很有必要，使用数值方法，可以直接从方程出发，逐步缩小根的存在区间，或者把根的近似值逐步精确化以满足一些实际问题的需要。

如图 2.1 所示，在渐开线齿轮啮合角的计算中，经常要用到反渐开线函数。即 $\mathrm{inv}\alpha = C$，已知 C 的值，求 α。现今普遍使用查表法，查找麻烦，而且有些 α 无法在表中直接查到，还要用插值法来计算，精度不高。本章的目的就是寻找用来求解非线性方程根的近似算法，并且达到较快的收敛速度。

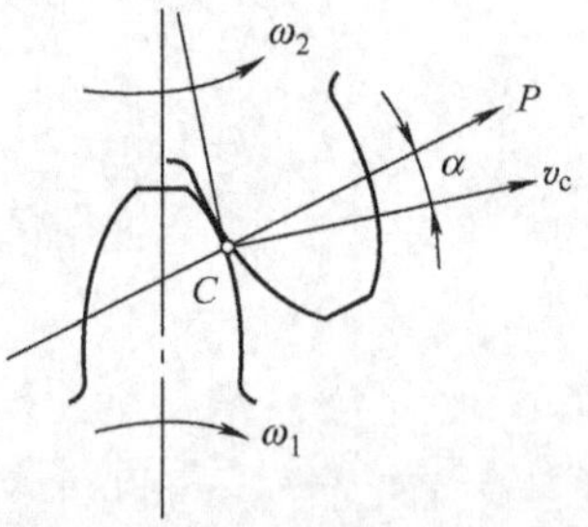

图 2.1　渐开线齿轮啮合角

2.1　对分法

定理 2.1　设 f 是区间 $[a, b]$ 上的连续函数，若函数满足 $f(a)f(b)<0$。那么 f 在 a 和 b 之间有一个根，即存在一个数 r 满足 $a<r<b$ 以及 $f(r)=0$。

逐次二分区间（二分一次后的子区间长度为二分前区间长度的一半）并判别区间端点符号以搜寻根的方法称为**对分法/二分法**。

对分法的步骤如下：

设初始条件 $f(a)<0$，$f(b)>0$

(1) 取 $x_0=\dfrac{a+b}{2}$；

(2) 计算函数值 $f(x_0)=f\left(\dfrac{a+b}{2}\right)$；

(3) 判别符号：

$$若 f(x_0)>0，则取 x_1=\frac{a+x_0}{2}=\frac{3a+b}{4};$$

$$若 f(x_0)<0，则取 x_1=\frac{x_0+b}{2}=\frac{a+3b}{4};$$

(4) 重复以上步骤：计算$f(x_1)$ 并判别符号，由此确定下一个分点。

定理 2.2 如果方程$f(x)=0$中$f\in C[a,b]$，且$f(a)f(b)<0$，则由二分法产生的序列$\{x_n\}$收敛于方程的根x^*，且有误差估计$|x^*-x_n|\leqslant\frac{b-a}{2^n}$。

例 2.1 用对分法求$f(x)=x^3+4x^2-10=0$在[1，2]内的一个实根，且要求满足精度$|x_n-x^*|<\frac{1}{2}\times10^{-3}$。

解：用二分法计算结果见表2.1。

表 2.1 例 2.1 计算结果

n	a_n	b_n	x_n	$f(x_n)$
1	1.0	2.0	1.5	2.375
2	1.0	1.5	1.25	−1.79688
3	1.25	1.5	1.375	0.16211
4	1.25	1.375	1.3125	−0.84839
5	1.3125	1.375	1.34375	−0.35098

迭代11次，近似根$x_{11}=1.36474609375$即为所求，其误差

$$|x_n-x^*|<\frac{b_{11}-a_{11}}{2}=0.000488281<\frac{1}{2}\times10^{-3}$$

$$或\quad |x_n-x^*|=0.000488281<\frac{b_{11}-a_{11}}{2}=\frac{1}{2}\times10^{-3}$$

例 2.2 编写程序用对分法求$f(x)=x^3+4x^2-10=0$在[1，2]内的一个实根，且要求满足精度$|x_n-x^*|<\frac{1}{2}\times10^{-5}$。

解：编写 bisect.m 文件如下：

```
function xc=bisect(f,a,b,tol)
if sign(f(a))* sign(f(b))>=0
  error('f(a)f(b)<0 not satisfied! ')
end
fa=f(a);
fb=f(b);
k=0;
while (b-a)/2>tol
  c=(a+b)/2;
  fc=f(c);
```

```
  if fc == 0
    break
  end
  if sign(fc)* sign(fa) < 0
    b = c;fb = fc;
  else
    a = c;fa = fc;
  end
end
xc = (a + b)/2;
```

然后在命令窗口定义一个内联函数

```
>> f = @ (x)x^3 + 4 * x^2 - 10;
```

接着就可以调用 bisect 命令

```
>> xc = bisect(f,1,2,0.000005)
```

得到结果

```
xc
   = 1.365230560302734
```

例 2.3 在区间 [0,1] 中用对分法求 $f(x) = e^x + 10x - 2 = 0$ 的根 x^*，若要求 $|x_n - x^*| < 10^{-6}$，问至少需二分区间 [0,1] 多少次?

解：取 $[0,1] = [a_0, b_0]$，按二分法依次计算中点 $x_n = \frac{a_{n-1} + b_{n-1}}{2}$ 及函数值 $f(x_n)$，其中对 $n=0$，1，…，5 的计算结果见表 2.2。

表 2.2 例 2.3 计算结果

n	$[a_n, b_n]$	x_{n+1}	$f(x_{n+1})$
0	[0,1]	0.5	4.648721271
1	[0,0.5]	0.25	1.784025417
2	[0,0.25]	0.125	0.383148453
3	[0,0.125]	0.0625	−0.310505541
4	[0.0625,0.125]	0.09375	0.035785140
5	[0.0625,0.09375]	0.078125	−0.137492193

这时，根据定理可得 $|x^* - x_{10}| < \frac{1-0}{2^{10}} = 0.0009765625 < 10^{-3}$，如果这个误差范围已满足要求，便可取 $x^* \approx x_{10} = 0.090820313$ 作为根的近似值。

对于要求 $|x^* - x_k| < 10^{-6}$，则只需 $|x^* - x_k| \leqslant \frac{1-0}{2^k} < 10^{-6}$ 即可，解之，$k \geqslant 20$，即至少需二分 20 次。

对分法的优点：

1）程序简单；

2）对 $f(x)$ 要求不高，收敛性好。

对分法的缺点：

1）收敛速度不快；

2）无法求偶重根，也无法求复根；

3）调用一次函数，只能求一个实根。

当 $f(x) \in C[a,b]$，$f(a)f(b) < 0$ 时，$[a, b]$ 内必有根，但可能不止一个根，如图 2.2 所示。当用二分法求根时，由于 x_1，x_2，…分别取代了端点，得到的只是 x^* 的一个根，其余的根都失去了。请思考怎样才能解决上述的问题。

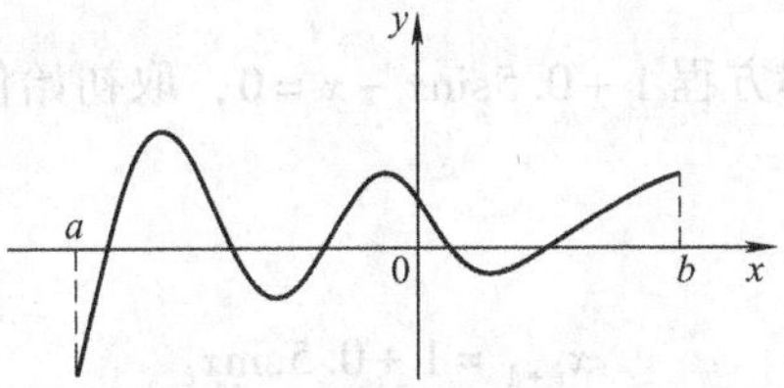

图 2.2 对分法的缺点

2.2 不动点迭代

2.2.1 迭代法

由函数方程 $f(x)=0$，构造一个等价方程 $x=\theta(x)$。从某个近似根出发，令 $x_{n+1}=\theta(x_n)$，$n=0, 1, 2, \cdots$ 得到序列 $\{x_n\}$，若 $\{x_n\}$ 收敛，即 $\lim\limits_{n\to\infty} x_n = x^*$。那么只要 $\theta(x)$ 连续，则有 $\lim\limits_{n\to\infty} x_{n+1} = \lim\limits_{n\to\infty} \theta(x_n) = \theta(\lim\limits_{n\to\infty} x_n)$，也即 $x^* = \theta(x^*)$，从而可知 x^* 是方程的根，就是 $f(x)=0$ 的根，x^* 也叫作 $\theta(x)$ 的不动点。此时 $\{x_n\}$ 就是方程的一个近似解序列，n 越大，x_n 的近似程度就越好，若 $\{x_n\}$ 发散，则迭代法失效。

定义 2.1 如果 $g(r)=r$，那么实数 r 就是函数 g 的一个不动点。

数 $r=0.7390851332$ 是函数 $g(x)=\cos x$ 的一个近似不动点。函数 $g(x)=x^3$ 有三个不动点：$r=-1, 0, 1$。

不动点迭代的具体方法如下：

$$x_0 = \text{初始估计},$$

$$x_{i+1} = g(x_i), \quad i = 0, 1, 2, \cdots$$

由此可知，

$$x_1 = g(x_0)$$
$$x_2 = g(x_1)$$
$$x_3 = g(x_2)$$
$$\vdots$$

MATLAB 的 fpi. m 文件代码如下

```
function xc = fpi(g,x0,k)
x(1) = x0;
for i = 1:k
  x(i+1) = g(x(i));
end
x'
xc = x(k+1);
```

例 2.4 用不动点迭代解方程 $1 + 0.5\sin x - x = 0$，取初始值 $x_0 = 0$，执行 5 次不动点迭代，结果保留小数点后 4 位。

解：作迭代公式

$$x_{i+1} = 1 + 0.5\sin x_i$$

取 $x_0 = 0$ 得到表 2.3 的计算结果。

表 2.3 例 2.4 计算结果

i	x_i
0	0.0000
1	1.0000
2	1.4207
3	1.4943
4	1.4985
5	1.4987

当步数趋于无穷时，数列 x_i 可能收敛，也可能不收敛然而，如果 g 连续而且 x_i 收敛（譬如收敛到数 r），那么 r 就是一个不动点。

每一个方程 $f(x) = 0$ 都能转化成一个不动点问题 $g(x) = x$ 吗？是的，而且有许多不同的方式。

例如方程

$$x^3 + x - 1 = 0$$

能写成

$$x = 1 - x^3$$

因此我们可以定义

$$g(x)=1-x^3$$

另外

$$x^3=1-x$$

我们可以定义

$$g(x)=\sqrt[3]{1-x}$$

还有第三种方法，在 $x^3+x-1=0$ 的两边同时加上 $2x^3$，可以得到

$$3x^3+x=1+2x^3$$

$$(3x^2+1)x=1+2x^3$$

$$x=\frac{1+2x^3}{1+3x^2}$$

因此可以定义

$$g(x)=(1+2x^3)/(3x^2+1)$$

下面对前面选取的 3 种 $g(x)$ 来示范不动点法迭代。其实我们求解的方程是 $x^3+x-1=0$。首先，考虑形式 $x=g(x)=1-x^3$，初始点 $x_0=0.5$ 是任选的。应用不动点迭代，使用 MATLAB 代码得到表 2.4 所示的计算结果。

```
>>  g=@ (x)  1-x^3;
>>   xc=fpi(g,0.5,12)
```

表 2.4 方法一 计算结果

i	x_i	i	x_i
0	0.500000000000000	7	0.999999961520296
1	0.875000000000000	8	0.000000115439107
2	0.330078125000000	9	1.00000000000000
3	0.964037470519543	10	0.00000000000000
4	0.104054188327677	11	1.00000000000000
5	0.998873376780835	12	0.00000000000000
6	0.003376063247860		

迭代并不是收敛的，而是交替地趋于 0 和 1 这两个数。应为 $g(0)=1$，$g(1)=0$，所以这两个数都是不动点。不动点迭代失效。

第二种选取 $g(x)=\sqrt[3]{1-x}$，我们将使用相同的初始估计 $x_0=0.5$，计算结果见表 2.5。

```
>>  g=@ (x)  (1-x)^(1/3);
>>   xc=fpi(g,0.5,25)
```

表 2.5 方法二 计算结果

i	x_i	i	x_i
0	0.500000000000000	13	0.684544005469716
1	0.793700525984100	14	0.680737373803562
2	0.590880113275177	15	0.683464603171769
3	0.742363932168006	16	0.681512920954756
4	0.636310203481661	17	0.682910734385882
5	0.713800814144207	18	0.681910189621121
6	0.659006145622400	19	0.682626670619523
7	0.698632605730219	20	0.682113758124644
8	0.670448496228072	21	0.682481018941308
9	0.690729120589141	22	0.682218089322789
10	0.676258924926827	23	0.682406346679923
11	0.686645536864490	24	0.682271565154233
12	0.679222339897004	25	0.682368066449898

最后我们使用 $x=g(x)=(1+2x^3)/(3x^2+1)$，得出的结果见表 2.6。

表 2.6 方法三 计算结果

i	x_i	i	x_i
0	0.500000000000000	4	0.682327803828347
1	0.714285714285714	5	0.682327803828019
2	0.683179723502304	6	0.682327803828019
3	0.682328423304578	7	0.682327803828019

经过 4 步不动点迭代后，已经有了比较精确的数字，为什么同一个问题会有如此不同的结果，我们下一步试图解决这个问题。

从不动点迭代的几何原理出发，讨论方程 $x^3+x-1=0$ 改写成不动点问题的 3 种方法。要弄清楚为什么不动点迭代法在有些场合收敛而在另外一些场合不收敛，从该方法的几何形状出发将会有帮助。

图 2.3 中显示了以前讨论过的 3 种不同的 $g(x)$，以及每种情况下最初的几步迭代，对每一个 $g(x)$，不动点 r 是相同的。用曲线 $y=g(x)$ 和 $y=x$ 的交点来表示。不动点迭代的每一步可以通过画出两条线段作为示意图：(1) 垂直方向相交于曲线；(2) 水平方向相交于对角线 $y=x$。图中垂直和水平箭头对应着迭代的每一步，垂直箭头从 x 值指向函数 g，表示 $x_i \to g(x_i)$，水平箭头表示把对应于 y 轴上的输出 $g(x_i)$ 转化成在 x 轴上相同的数 x_{i+1}，准备在下一步输入 g，这是通过从输出高度 $g(x_i)$ 向对角线 $y=x$ 画水平线段而得。这种迭代的几何图形称为蛛网图。

我们可以画出方程 $x^3+x-1=0$ 三种不同迭代方式的蛛网图，如图 2.3 所示：

(a) $g(x)=1-x^3$；(b) $g(x)=\sqrt[3]{1-x}$；(c) $g(x)=(1+2x^3)/(3x^2+1)$。

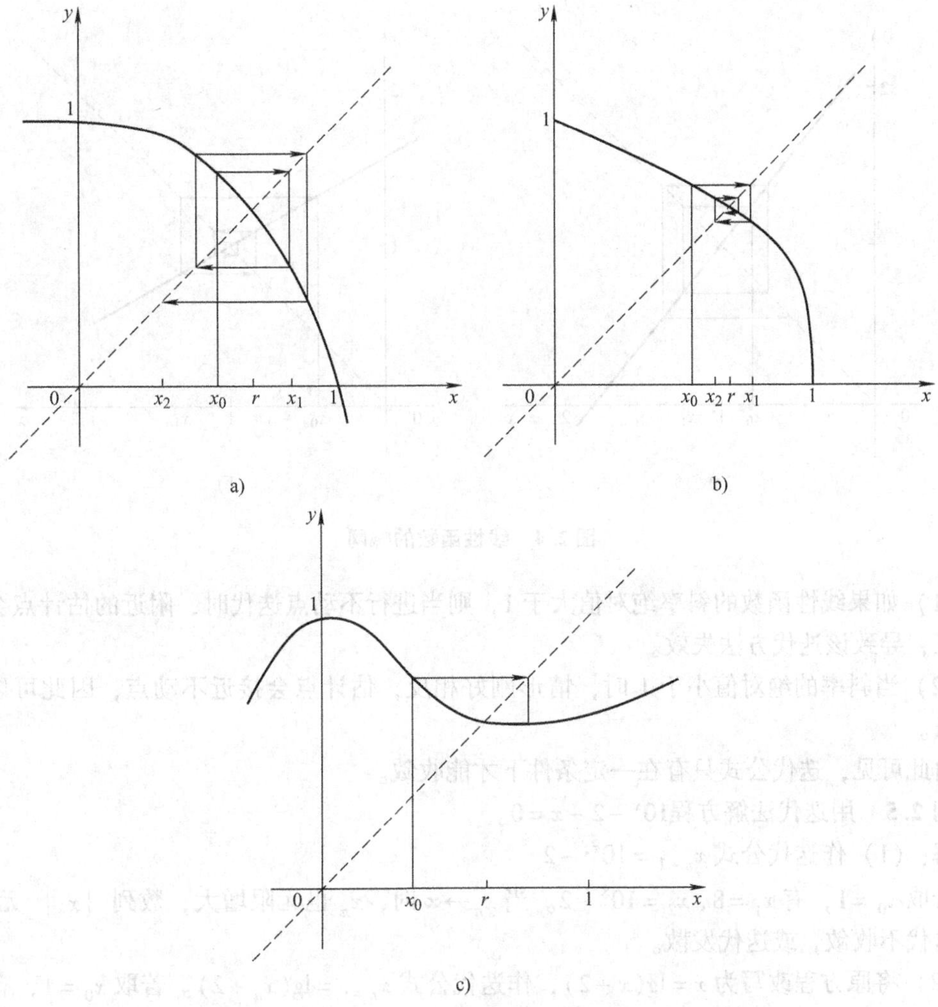

图 2.3 方程 $x^3+x-1=0$ 三种不同迭代方式的蛛网图

2.2.2 不动点迭代的线性收敛性

通过考察最简单的情形，我们就能比较容易的解释不动点迭代的收敛性质。图 2.4 所示表示两个线性函数的不动点迭代：

(a) $g_1(x)=-\frac{3}{2}x+\frac{5}{2}$；(b) $g_2(x)=-\frac{1}{2}x+\frac{3}{2}$。

在每一种情形中，不动点都是 $x=1$，但是 $|g_1'(1)|=\left|-\frac{3}{2}\right|>1$，而 $|g_2'(1)|=\left|-\frac{1}{2}\right|<1$，按照描述的迭代的垂直和水平箭头，可以了解差别的原因。因为 g_1 在不动点的斜率大于 1，所以代表从 x_n 变化到 x_{n+1} 的那些垂直线段在迭代进行时，长度会增加。结果是即使初始估计 x_0 非常靠近不动点，迭代也会“盘旋离开”不动点 $x=1$。而 g_2 的情形相反：g_2 的斜率小于 1，垂直线段在长度上减小，因此迭代“盘旋朝向”不动点。因此我们得到的正是 $|g'(r)|$ 决定了迭代是收敛还是发散。这就是迭代法的几何思想。

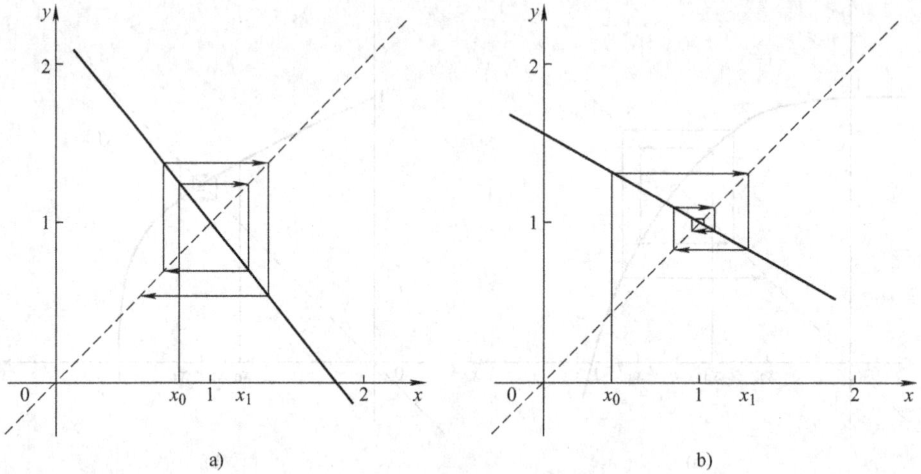

图 2.4　线性函数的蛛网

（1）如果线性函数的斜率绝对值大于 1，则当进行不动点迭代时，附近的估计点会远离不动点，导致该迭代方法失效。

（2）当斜率的绝对值小于 1 时，情形刚好相反，估计点会接近不动点，因此可以求得不动点。

由此可见，迭代公式只有在一定条件下才能收敛。

例 2.5　用迭代法解方程$10^x-2-x=0$。

解：（1）作迭代公式 $x_{n+1}=10^{x_n}-2$

若取 $x_0=1$，有 $x_1=8$，$x_2=10^8-2$。当 $x_n\to\infty$ 时，x_n 也无限增大，数列 $\{x_n\}$ 无极限，这时迭代不收敛，或迭代发散。

（2）将原方程改写为 $x=\lg(x+2)$，作迭代公式 $x_{n+1}=\lg(x_n+2)$。若取 $x_0=1$，有

$x_1=0.4771$，$x_2=0.3939$，$x_3=0.3791$，

$x_4=0.3764$，$x_5=0.3759$，$x_6=0.3758$，

$x_7=0.3758$，…

数列 $\{x_n\}$ 是收敛的，于是得原方程的一个近似根 $x^*=0.3758$。

例 2.6　求 $g(x)=-x^2+2.8x$ 的不动点。

解：函数 $g(x)=-x^2+2.8x$ 有两个不动点 0 和 1.8，这可以通过手工解 $g(x)=x$ 来确定，也可以在下图 2.5 中，用迭代法来确定。下图表示取初始估计 $x=0.1$ 的不动点迭代。其中

$$x_0=0.1000$$

$$x_1=0.2700$$

$$x_2=0.6831$$

$$x_3=1.4461$$

$$x_4=1.9579$$

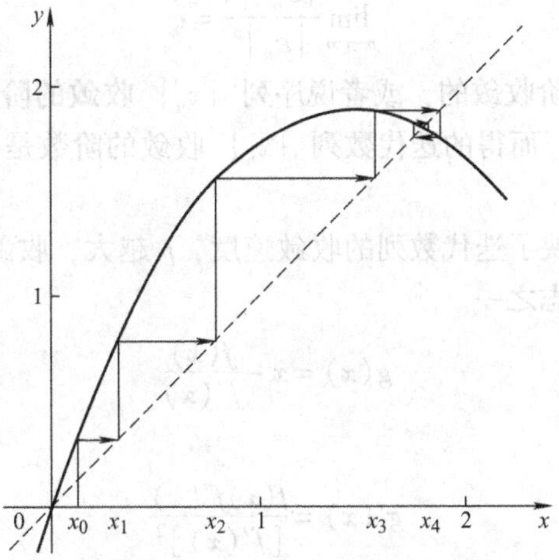

图 2.5　函数 $g(x) = -x^2 + 2.8x$ 不动点迭代

如此下去，可以看出交点是沿着对角线的。

尽管初始点 $x_0 = 0.1$ 靠近不动点 0，但是不动点迭代朝另一个不动点 $x = 1.8$ 移动，并且收敛到那里。两个不动点之间的区别是 g 在 $x = 1.8$ 处的斜率，由 $g'(1.8) = -0.8$ 给出，其斜率的绝对值小于 1。另一方面，g 在另一个不动点 $x = 0$（排斥点）处的斜率是 $g'(0) = 2.8$，其绝对值大于 1。根据之前的定理，不动点会远离点 $x = 0$，而靠近点 $x = 1.8$。

2.3　收敛定理

2.3.1　收敛速度

定理 2.3　设 α 是方程 $x = g(x)$ 的根，在 α 的某一领域 $g(x)$ 的 $m(m \geqslant 2)$ 阶导数连续，并且

$$g'(\alpha) = \cdots = g^{(m-1)}(\alpha) = 0 \tag{2.1}$$

则当初始近似 x_0 充分接近 α 时，由迭代公式 $x_{n+1} = g(x_n)$ 而得的序列 $\{x_n\}$ 满足条件

$$\lim_{n\to\infty} \frac{x_{n+1} - \alpha}{(x_n - \alpha)^m} = \frac{g^{(m)}(\alpha)}{m!} \tag{2.2}$$

证明：根据幂级数展开式

$$x_{n+1} = g(x_n) = g(\alpha) + (x_n - \alpha)g'(\alpha) + \cdots + \frac{(x_n - \alpha)^{m-1}}{(m-1)!} g^{(m-1)}(\alpha) + \frac{(x_n - \alpha)^m}{m!} g^{(m)}(\xi_n)$$

其中 ξ_n 在 x_n 与 α 之间。结合式(2.1) 可导出

$$x_{n+1} - \alpha = \frac{(x_n - \alpha)^m}{m!} g^{(m)}(\xi_n)$$

根据定理，$\lim\limits_{n\to\infty} x_n = \alpha$。由此和上式即得式(2.2)。

设 x_0，x_1，…，x_n，…是收敛于 α 的数列，并且 $\varepsilon_n \triangleq x_n - \alpha$，如果存在实数 $p \geqslant 1$ 和非零常数 c，使得

$$\lim_{n\to\infty}\frac{|\varepsilon_{n+1}|}{|\varepsilon_n|^p}=c \tag{2.3}$$

则称数列 $\{x_n\}$ 是 p **阶收敛的**，或者说序列 $\{x_n\}$ **收敛的阶数**是 p，c 称为**渐近误差常数**。如果由迭代函数 $g(x)$ 而得的迭代数列 $\{x_n\}$ 收敛的阶数是 p，就说 $g(x)$ 是 p **阶迭代函数**。

迭代函数的阶数 p 反映了迭代数列的收敛速度，p 越大，收敛越快。迭代函数的阶数是衡量迭代法优劣的重要标志之一。

切线法的迭代函数为
$$g(x)=x-\frac{f(x)}{f'(x)}$$

所以，

$$g'(x)=\frac{f(x)f''(x)}{[f'(x)]^2}$$

这时 $g'(\alpha)=0$。由定理 2.3 可知：若 $f(x)$ 足够光滑，且切线法收敛，则其收敛的阶不小于 2。当收敛的阶等于 2 时，也说它是**平方收敛的**。

用切线法求正数的平方根，收敛的阶为 2。若 n 次近似有 k 位有效数字，只要计算时的位数足够多，则 $n+1$ 次近似大约有 $2k$ 位有效数字。

可以证明：双点弦截法收敛的阶为斐波那契数列 $\{q_n\}$ 中相邻两数之比的极限，

$$\lim_{n\to\infty}\frac{q_{n+1}}{q_n}\approx 1.618 \tag{2.4}$$

定理 2.4 设函数 $\varphi(x)$ 在 $[a, b]$ 上连续，在 (a, b) 内可导，满足条件：

(1) 当 $a\leqslant x\leqslant b$ 时，有 $a\leqslant\varphi(x)\leqslant b$；

(2) 当 $a\leqslant x\leqslant b$ 时，有 $|\varphi'(x)|\leqslant m<1$，$m$ 为常数，则可得：函数 φ 在 $[a, b]$ 上存在唯一的不动点 x^*；对任意初值 $x_0\in[a, b]$，迭代公式 $x_{n+1}=\theta(x_n)$，$n=0, 1, 2, \cdots$ 收敛于 x^*，即 $\lim\limits_{k\to\infty}x_k=x^*$。

迭代值有误差估计式如下：

$$|x^*-x_k|\leqslant\frac{L}{1-L}|x_k-x_{k-1}|$$

$$|x^*-x_k|\leqslant\frac{L^k}{1-L}|x_1-x_0|$$

例 2.7 用不动点迭代法求解方程 $x-\ln x=2(x>1)$。

解：令 $f(x)=x-\ln x-2$，由 $f'(x)=1-\dfrac{1}{x}$，$(x>1)$，有 $f'(x)>0$，故 $f(x)$ 在 $(1, \infty)$ 内单调增，可知方程在 $(1, \infty)$ 内如果有根，则只有一个根，试算若干个值：

$$f(1)=1-\ln 1-2<0$$
$$f(2)=2-\ln 2-2<0$$
$$f(3)=3-\ln 3-2<0$$
$$f(4)=4-\ln 4-2>0$$

可知 $[3, 4]$ 是方程的唯一有根区间。

现把方程改写为 $x=2+\ln x$，则迭代公式为 $\varphi(x)=2+\ln x$，则当 $x\in[3, 4]$ 时，满足条

件 $3 \leq 2+\ln 3 \leq \varphi(x) \leq 2+\ln 4 \leq 4$ 和 $|\varphi'(x)| = \left|\frac{1}{x}\right| \leq \frac{1}{3} < 1$。故对任意的 $x_0 \in [3, 4]$，迭代公式 $x_{k+1} = 2+\ln x_k (k=0, 1, \cdots)$ 收敛于方程的根。

2.3.2 局部收敛性

定义 2.2 设 θ 在区间 I 有不动点 x^*，若存在 x^* 的一个邻域 $\Delta \subset I$，对 $\forall x_0 \in \Delta$，迭代公式 $x_{n+1} = \theta(x_n)$，$n=0, 1, 2, \cdots$ 产生的序列 $\{x_k\} \subset \Delta$ 且 $\lim_{k\to\infty} x_k = x^*$（即收敛于 x^*），则迭代公式 $x_{n+1} = \theta(x_n)$，$n=0, 1, 2, \cdots$ 或序列 $\{x_k\}$ 局部收敛。

定理 2.5（局部收敛性定理） 设 x^* 为 θ 的不动点，$\theta'(x)$ 在 x^* 的某个领域 Δ 上存在，连续且 $|\theta'(x^*)| < 1$，则迭代公式 $x_{n+1} = \theta(x_n)$，$n=0, 1, 2, \cdots$ 局部收敛。

定义 2.3 设 e_i 表示迭代法在第 i 步的误差，如果 $\lim_{i\to\infty} \frac{e_{i+1}}{e_i} = S < 1$，则称这种方法满足速度是 S 的**线性收敛**。

2.4 Newton 法

Newton 法也叫作 Newton - Raphson 法，其收敛速度通常比我们前面已看到的线性收敛方法要快得多。图 2.6 所示给出了 Newton 法的几何图形。要求出 $f(x)=0$ 的根，初始估计 x_0 是给定的，画出函数 f 在 x_0 处的切线。切线朝着根的方向贴近函数向下到 x 轴。切线与 x 轴的交点就是近似根，但不一定是准确值。因此求根需要反复进行。

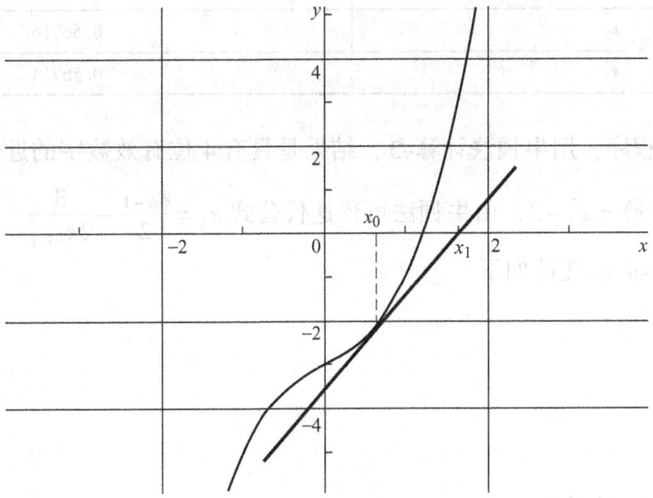

图 2.6 牛顿法

建立 Newton 方法的代数公式

切线上的一点 $(x_0, f(x_0))$ 在 x_0 的斜率由导数 $f'(x_0)$ 给出。直线方程的点斜式是 $y-f(x_0) = f'(x_0)(x-x_0)$，所以求切线与 x 轴的交点等同于在直线方程中取 $y=0$，

$$f'(x_0)(x-x_0) = 0 - f(x_0)$$

$$x - x_0 = -\frac{f(x_0)}{f'(x_0)}$$

$$x = x_0 - \frac{f(x_0)}{f'(x_0)}$$

解 x 给出了根的近似值，称为 x_1。下一步是重复整个过程，从 x_1 开始产生 x_2，以此类推，得到如下 Newton 法迭代公式：

$$x_0 = 初始估计$$

$$x_{i+1} = x_i - \frac{f(x_i)}{f'(x_i)}, i = 0,1,2\cdots$$

例 2.8 对方程 $xe^x - 1 = 0$，求 Newton 法的公式。

解：令 $f(x) = xe^x - 1$，则 $f'(x) = e^x + xe^x$

迭代公式

$$x_{i+1} = x_i - \frac{x_i e^{x_i} - 1}{e^{x_i} + x_i e^{x_i}}$$

整理

$$x_{i+1} = x_i - \frac{x_i - e^{-x_i}}{1 + x_i}$$

取 $x_0 = 0.5$，以后各步的结果见表 2.7。

表 2.7 例 2.8 计算结果

x_0	0.5
x_1	0.57102
x_2	0.56716
x_3	0.56714

例 2.9 编写程序，用牛顿法计算 $\sqrt{3}$，结果是具有 4 位有效数字的近似值。

解：可以令 $f(x) = x^2 - 3$，由牛顿法可得迭代公式 $x_k = \frac{x_{k-1}}{2} - \frac{3}{2x_{k-1}}$

编写 NewtonRoot. m 文件如下

```
e=1e-4;
x=1;
for k=1:10
   xk=x;
   x=x/2+3/(2*x);
   if(abs(xk-x)<=e)
      break;
   end
end
```

在命令窗口输入 x，按回车得到以下结果

```
>> x
x =
    1.7321
```

2.4.1 Newton 法的二次收敛性

例 2.8 中的收敛速度太快，快于对分法和不动点迭代中的线性收敛速度。我们需要新的定义。

定义 2.4 设 e_i 表示一种迭代方法在第 i 步后的误差，如果 $M=\lim_{i\to\infty}\frac{e_{i+1}}{e_i^2}<\infty$，那么这种迭代是二次收敛的。

定理 2.6 设 f 是二次连续可微函数，并且 $f(r)=0$。如果 $f'(r)\neq 0$，那么 Newton 法局部而且二次收敛于 r。第 i 步的误差满足：

$$\lim_{i\to\infty}\frac{e_{i+1}}{e_i^2}=M,\text{ 其中 } M=\left|\frac{f''(r)}{2f'(r)}\right| \tag{2.5}$$

2.4.2 Newton 法的线性收敛性

定理 2.4 没有说 Newton 法总是二次收敛，为了二次收敛有意义，我们需要用 $f'(r)$ 相除。这个假设被证实是关键的，下面例 2.10 说明 Newton 法并不是二次收敛的情形。

例 2.10 用 Newton 法求 $f(x)=x^m$ 的根。

解：Newton 法公式是

$$x_{i+1}=x_i-\frac{x_i^m}{mx_i^{m-1}}=\frac{m-1}{m}x_i$$

仅有的根是 $r=0$，所以定义

$$e_i=|x_i-r|=x_i$$

得到

$$e_{i+1}=Se_i$$

这里

$$S=\frac{m-1}{m}$$

这个例子表明了 Newton 法在重根处的一般性质。

定理 2.7 假设在 $[a,b]$ 上 $(m+1)$ 次连续可微函数 f 在 r 处有 m 重根，那么 Newton 法局部收敛到 r，而且第 i 步的误差 e_i 满足

$$\lim_{i\to\infty}\frac{e_{i+1}}{e_i}=S$$

这里 $S=\frac{m-1}{m}$。

定理 2.8 如果函数 f 在区间 $[a,b]$ 上 $(m+1)$ 次连续可微，且含有重数 $m>1$ 的根 r，那么修正 Newton 法

$$x_{i+1}=x_i-\frac{mf(x_i)}{f'(x_i)} \tag{2.6}$$

局部且二次收敛于 r。

2.4.3 牛顿法求复根*

牛顿法还可以求复根，设具有复变量 $x+\mathrm{i}y$ 的复值函数 $f(x+\mathrm{i}y)=f(Z)$，适用牛顿法：

$$Z_{K+1}=Z_K-\frac{f(Z_K)}{f'(Z_K)}\quad (K\geqslant 0) \tag{2.7}$$

若要避免复数运算，可把实部与虚部分开计算。
令 $Z_K=x_K+\mathrm{i}y_K$，$f(Z_K)=A_K+\mathrm{i}B_K$，$f'(Z_K)=C_K+\mathrm{i}D_K$，只需设

$$\frac{A_K+\mathrm{i}B_K}{C_K+\mathrm{i}D_K}=E_K+\mathrm{i}F_K \tag{2.8}$$

则

$$\begin{aligned}Z_{K+1}&=x_{K+1}+\mathrm{i}y_{K+1}=x_K+\mathrm{i}y_K-\frac{A_K+\mathrm{i}B_K}{C_K+\mathrm{i}D_K}=x_K+\mathrm{i}y_K-(E_K+\mathrm{i}F_K)\\&=(x_K-E_K)+\mathrm{i}(y_K-F_K)\end{aligned}$$

易得

$$x_{K+1}=x_K-\frac{A_KC_K+B_KD_K}{C_K^2+D_K^2},\ y_{K+1}=y_K+\frac{A_KD_K-B_KC_K}{C_K^2+D_K^2} \tag{2.9}$$

2.5 不用导数求根

2.5.1 割线法

割线法类似于 Newton 法，但是用差商代替导数。在几何上，是用一条通过两个上次已知的猜测的直线来代替切线。“割线”的交点是新的估计。在当前的估计 x_i 处，导数的近似是差商 $\dfrac{f(x_i)-f(x_{i-1})}{x_i-x_{i-1}}$。在 Newton 法中，直接把这种近似代替 $f'(x_i)$，就得到割线法。

割线法：

$$x_0,x_1=\text{初始估计}$$

$$x_{i+1}=x_i-\frac{f(x_i)(x_i-x_{i-1})}{f(x_i)-f(x_{i-1})},i=1,2,3\cdots,n$$

与不动点法代和 Newton 法不同，割线法需要使用两个初始估计。

割线法的超线性收敛

在割线法收敛到 r 并且 $f'(r)\neq 0$ 的假设下，近似误差关系 $e_{i+1}\approx\left|\dfrac{f''(r)}{2f'(r)}\right|e_ie_{i-1}$ 成立，因此得

$$e_{i+1}\approx\left|\frac{f''(r)}{2f'(r)}\right|^{\alpha-1}e_i^{\alpha} \tag{2.10}$$

这里 $\alpha=\dfrac{1+\sqrt{2}}{2}\approx 1.207$ 割线法对单根的收敛性称为超线性（super－linear）的，就是说它位于线性收敛和二次收敛之间。

例 2.11 取初始估计 $x_0=0.5$，$x_1=0.2$，用割线法求 $f(x)=x^3-3x+1$ 在 0.5 附近的根。精确到小数点后六位。

解：如图 2.7 所示，公式给出

$$x_{i+1}=x_i-\frac{(x_i^3-3x_i+1)(x_i-x_{i-1})}{x_i^3-3x_i-x_{i-1}^3+3x_{i-1}}$$

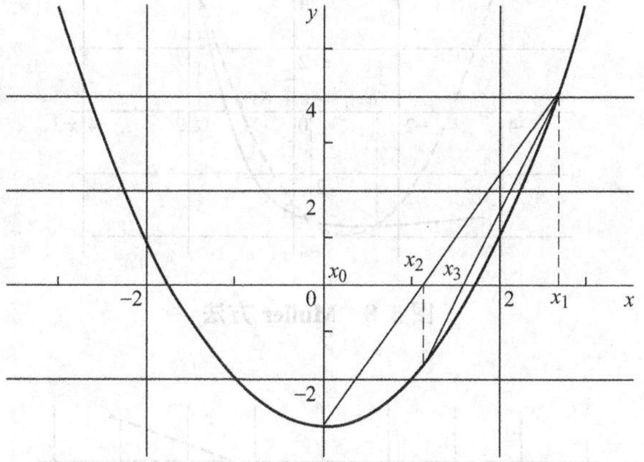

图 2.7 割线法的两步

取 $x_0=0.5$，$x_1=0.2$，计算见表 2.8。

表 2.8 例 2.11 计算结果

x_0	0.5
x_1	0.2
x_2	0.356322
x_3	0.347731
x_4	0.347295
x_5	0.347296

2.5.2 其他方法

（1）Muller 方法

Muller 方法如图 2.8 所示，它是割线法的推广，它使用 3 个初始点 x_0，x_1，x_2，画出通过它们的抛物线 $y=p(x)$，并且这条抛物线与 x 轴相交，抛物线与 x 轴一般有 0 或者 2 个交点。如果有两个交点，则距离上一个点 x_2 最近的一个点被选作 x_3，继续从 x_1，x_2，x_3 出发确定 x_4，并且可以用来求多项式的复根。

（2）反二次插值方法

反二次插值方法如图 2.9 所示，它是 Muller 方法的变形。Muller 方法采用 $y=p(x)$ 形式的抛物线，而反二次插值采用 $x=p(y)$ 形式的抛物线。

（3）Brent 方法

这种方法用于连续函数 f，而且区间以 a 和 b 为界，这里 $f(a)f(b)<0$。Brent 方法记录在后向误差意义下最好的当前点 x_i，以及包括根的区间 $[a_i, b_i]$，粗略地讲，尝试用反二次插值法，如果后向误差改进了，包含根的区间至少缩小一半，那么就用结果代替 x_i、a_i、b_i

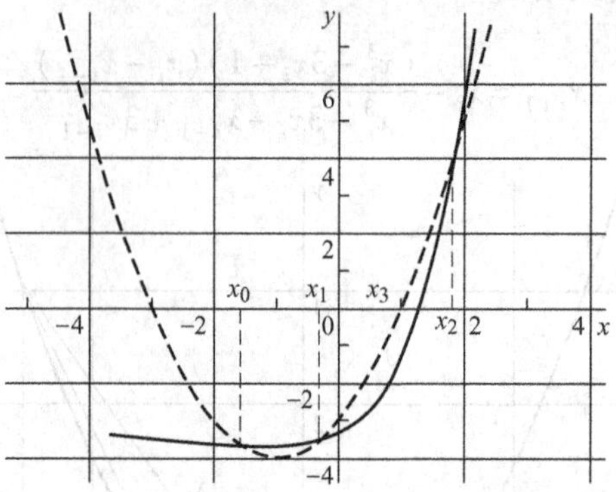

图 2.8　Muller 方法

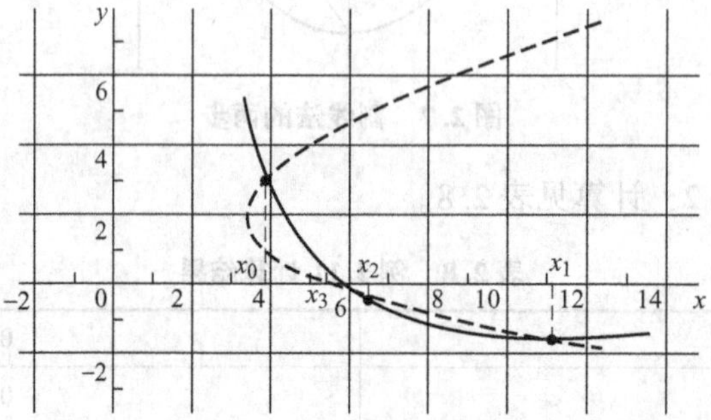

图 2.9　反二次插值方法

中的一个，否则，就尝试用割线法，如果还是失败，就按对分法步骤，保证其不确定度至少减半。

2.6　迭代过程的加速

2.6.1　迭代公式的加工

对于收敛的迭代过程，只要迭代足够多次，就可以使结果达到任意的精度，但有时迭代过程收敛缓慢，从而使计算量变得很大，因此对迭代过程的加速是个重要的课题。

设 x_n 是根 α 的某个近似值，用迭代公式将 x_n 校正一次得

$$\bar{x}_{n+1}=g(x_n)$$

假设 $g'(x)$ 在所考察的范围内改变不大，其估计值为 L，则有

$$\bar{x}_{n+1}-\alpha\approx L(x_n-\alpha) \tag{2.11}$$

由此分离出 α，得

$$\alpha\approx\frac{1}{1-L}\bar{x}_{n+1}-\frac{L}{1-L}x_n$$

这就是说，如果将迭代值 $\bar{x}_{n+1}$ 与 x_n 加权平均，可以期望所得到的

$$x_{n+1} = \frac{1}{1-L}\bar{x}_{n+1} - \frac{L}{1-L}x_n$$

是比 $\bar{x}_{n+1}$ 更好的近似根，这样加工后的计算过程是

$$\begin{cases} 迭代: \bar{x}_{n+1} = g(x_n) \\ 改进: x_{n+1} = \frac{1}{1-L}\bar{x}_{n+1} - \frac{L}{1-L}x_n \end{cases} \quad (n=0,1,\cdots)$$

或合并写成

$$x_{n+1} = \frac{1}{1-L}[g(x_n) - Lx_n], n=0,1,\cdots \tag{2.12}$$

2.6.2 艾特肯（Aitken）加速方法

上述加速方案有个缺点，由于其中含有导数的有关信息而不便于实际应用。

设将迭代值 $\bar{x}_{n+1} = g(x_n)$ 再迭代一次，又得

$$\tilde{x}_{n+1} = g(\bar{x}_{n+1})$$

由于

$$\tilde{x}_{n+1} - \alpha \approx L(\bar{x}_{n+1} - \alpha) \tag{2.13}$$

将式(2.11) 和式(2.13) 两式联立，消去未知的 L，有

$$\frac{\bar{x}_{n+1} - \alpha}{\tilde{x}_{n+1} - \alpha} \approx \frac{x_n - \alpha}{\bar{x}_{n+1} - \alpha}$$

由此得

$$\alpha \approx \tilde{x}_{n+1} - \frac{(\tilde{x}_{n+1} - \bar{x}_{n+1})^2}{\tilde{x}_{n+1} - 2\bar{x}_{n+1} + x_n}$$

我们以上式右端得出的结果作为新的改进值，这样构造出的加速公式不再包含有关于导数的信息，但是它需要用两次迭代值 $\bar{x}_{n+1}$，$\tilde{x}_{n+1}$ 进行加工，其具体计算公式如下：对 $n=0, 1, \cdots$，

迭代：$\bar{x}_{n+1} = g(x_n)$

迭代：$\tilde{x}_{n+1} = g(\bar{x}_{n+1})$

改进：$x_{n+1} = \tilde{x}_{n+1} - \dfrac{(\tilde{x}_{n+1} - \bar{x}_{n+1})^2}{\tilde{x}_{n+1} - 2\bar{x}_{n+1} + x_n}$

上述方法称为**艾特肯（Aitken）加速方法**。

艾特肯（Aitken）方法的具体方法为：给定初始近似 x_0，ε 为容许误差，N_0 为最大迭代次数。单元 x_0 开始存放初值，后放近似值 x_n，单元 x_1 放第一迭代结果，单元 x 放第二迭代结果及改进值，输出为近似值 x 或失败的信息。

应用实例

求方程的解是科学计算中最基本的问题之一。本章介绍寻找方程 $f(x)=0$ 的解。为此，我们将接触到很多迭代方法，它们具有非常重要的实用价值。此外，通过这些方法的比较，可以阐明收敛性和复杂性在科学计算中的核心作用。

本章的学习目标是了解计算方法的概念、发展状况，以及解方程的实际应用意义。其中重点和难点包括：掌握根隔离法、不动点迭代的几何原理、不动点迭代的线性收敛性、停止准则、前向误差和后向误差、Wilkinson 多项式、Newton 法的二次收敛性、Newton 法的线性收敛性、割线法及其变形。不动点迭代的几何原理、算法的精度和速度、Newton 法的二次收敛性、割线法及其变形。

例 2.12 使用 solve( ) 语句解方程。

单变量方程 $f(x)=0$

(1) 求解方程 $ax^2+bx+c=0$

在 MATLAB 命令窗口输入

```
>> x = solve('a*x^2 + b*x + c')
```

执行结果如下

```
x =

 - (b + (b^2 - 4* a* c)^(1/2))/(2* a)
 - (b - (b^2 - 4* a* c)^(1/2))/(2* a)
```

(2) 求解方程 $x^3-2x^2=x-1$

在 MATLAB 命令窗口输入

```
>> s = solve('x^3 - 2*x^2 = x - 1');
>> double(s)
```

执行结果如下

```
ans =

    2.2470 + 0.0000i
   -0.8019 - 0.0000i
    0.5550 - 0.0000i
```

多变量方程组 $f_1(x)=0,\cdots,f_m(x)=0$

(1) 求解方程组 $\begin{cases} x^2y^2=0 \\ x-\dfrac{y}{2}=b \end{cases}$

在 MATLAB 命令窗口输入

```
>> [x,y] = solve('x^2* y^2,x - (y/2) - b')
```

执行结果如下

```
x =

 b
 0

y =

   0
 -2* b
```

(2) 求解方程组 $\begin{cases} x^2y^2-2x-1=0 \\ x^2-y^2-1=0 \end{cases}$

在 MATLAB 命令窗口输入

```
s = solve('x^2* y^2 -2*x -1 =0','x^2 - y^2 -1 =0')
```

执行结果如下

```
s =

    x:[8x1 sym]
    y:[8x1 sym]
```

此解为结构解。

输出具体的解：s. x s. y。

输入

```
>> s1 = [s. x(2),s. y(2)](取出解空间的第二组解)
>> m = [s. x,s. y](创建解矩阵)
s1 =
[1/2 -5^(1/2)/2,(1/2 -5^(1/2)/2)^(1/2)]
m =
[        5^(1/2)/2 +1/2,            (5^(1/2)/2  + 1/2)^(1/2)]
[        1/2-5^(1/2)/2,             (1/2  - 5^(1/2)/2)^(1/2)]
[        5^(1/2)/2 +1/2,          - (5^(1/2)/2  + 1/2)^(1/2)]
[        1/2 -5^(1/2)/2,          - (1/2 -  5^(1/2)/2)^(1/2)]
[ -1/2  + (3^(1/2)* i)/2,   (-3/2  -  (3^(1/2)* i)/2)^(1/2)]
[ -1/2  - (3^(1/2)* i)/2,   (-3/2  +  (3^(1/2)* i)/2)^(1/2)]
[ -1/2  - (3^(1/2)* i)/2,  - ((3^(1/2)* i)/2  - 3/2)^(1/2)]
[ -1/2  + (3^(1/2)* i)/2,  - (-3^(1/2)* i)/2  - 3/2)^(1/2)]
```

(3) 求解方程组 $\begin{cases} \sin x + y^2 + \ln z - 7 = 0 \\ 3x + 2^y - z^3 + 1 = 0 \\ x + y + z - 5 = 0 \end{cases}$

在 MATLAB 命令窗口输入

```
[x,y,z] = solve('sin(x) + y^2 + log(z) - 7 = 0','3*x + 2^y - z^3 + 1 = 0',
'x + y + z - 5 = 0','x','y','z')
```

执行结果如下

```
x =
5.1004127298867761621009050441017

y =
-2.6442371270278301895646143811868

z =
2.5438243971410540274637093370 85
```

工程应用

圆弧齿轮是一种新型齿轮传动，和渐开线齿轮传动相比，具有以下优点：①当量曲率半径大，齿面接触强度高；②摩擦损失小，传动效率高，(η 可达 0.99 ~ 0.995)，齿面磨损小；③齿面磨损均匀，齿面易跑合，具有良好的跑合性能；④无根切现象，其最少齿数仅受轴的强度及刚度限制，$Z_{\min}$ 可为 6 ~ 8；⑤振动小、噪声低、制造工艺简单。

圆弧齿轮公法线长度计算方法是两个有规律变化曲面之间的公法线计算，实质是求二元函数的极值。但对圆弧齿轮来说，齿面上任一点的法线位于过该点并与准线相垂直的平面内，且和该平面内圆弧曲线的法线相重合，此二异侧齿面的公法线势必与该二侧面的二准线相交并垂直，于是圆弧齿轮公法线长度的计算归结为两条螺旋线之间最短距离。测量尺寸计算公式见表 2.9。

(1) 对于测跨齿数 K_1、K_2 的计算，其公式中 Z_1、Z_2 分别为小大齿轮齿数，m_n 为法面模数，α_t 为接触点处端面压力角 ($\tan\alpha_t = \tan\alpha_n / \cos\beta$)，$\alpha_n$ 为法面压力角，β 为螺旋角，L_a 为齿廓圆心偏移量，以上各参数均已知或可求，故 K_1、K_2 可方便地求出，计算结果须向上取整。

(2) 公法线长度 W_k 的计算，其公式中 α_{t1}、α_{t2}、α_{n1}、α_{n2} 分别为小大齿轮在测量时触头与齿面接触处的端面压力角及法面压力角，对于 W_{k1}、W_{k2} 公法线的计算，关键在于①、②两超越方程的求解。传统的方法采用手工完成。计算时初取 $\alpha_{t1} = \alpha_{t2} = \alpha_t$ 进行第一遍计算，重复多次，直至 α_{t1}、α_{t2} 的误差在 1s 以内。

表 2.9 测量尺寸计算公式

公法线跨齿数	公法线长度
$K_1=(\alpha_t/180+0.159\tan^2\beta\sin2\alpha_t)z_1$ $+0.637L_a^*+1$ $L_a^*=L_a/m_n$	$W_{k1}=(z_1\sin\alpha_{t1}/\sin\alpha_{n1}\cos\beta+2p_1^*)m_n$ $p_1^*=p_1/m_n$ $\tan\alpha_{n1}=\tan\alpha_{t1}\cos\beta$ $\alpha_{t1}=M_1-B\sin(2\alpha_{t1})$ ① $M_1=1/Z_1[180(k_1-1)-114.59156L_a^*]$ $B=28.64789\tan^2\beta$
$K_2=(\alpha_t/180+0.159\tan^2\beta\sin2\alpha_t)z_2$ $+0.637L_f^*+1$ $L_f^*=L_f/m_n$	$W_{k2}=(z_2\sin\alpha_{t2}/\sin\alpha_{n2}\cos\beta+2x_2^*/\sin\alpha_{n2}-2p_2^*)m_n$ $\tan\alpha_{n2}=\tan\alpha_{t2}\cos\beta$ $\alpha_{t2}=M_2-B\sin(2\alpha_{t2})-Q\cot a_{t2}$ ② $M_1=1/Z_2[180k_2+114.59156L_f^*]$ $Q=114.59156X^*/(Z_2\cos\beta)$

在这里我们使用牛顿迭代法解决此问题。

整理①、②两方程并对此求导，得

$$f'(x)=1+2\beta\cos(2x)$$
$$f'(x)=1+2\beta\cos(2x)-(q/\sin^2x)$$

得出具体迭代方程为：

$$X=X_k-(X_k+B\sin(2X_k)-m_1)/(1+2B\cos(2X_k))$$
$$X=X_k-(X_k+B\sin(2X_k)+Q\cot X_k-m_2)/(1+2B\cos(2X_k)-Q/\sin(2X_k))$$

运用这种方法，对某厂生产的一对 67 型单圆弧齿轮传动副进行计算，其基本参数见表 2.10。

表 2.10 单圆弧齿轮基本参数

小齿轮	大齿轮
法向模数 $m_n=4$	法向模数 $m_n=4$
齿数 $z_1=29$	齿数 $z_2=92$
齿形角 $\alpha_n=30°$	齿形角 $\alpha_n=30°$

（续）

小齿轮	大齿轮
螺旋角 $\beta=14°$	螺旋角 $\beta=14°$
齿形：凸	齿形：凹
精度等级：8－8－7jb4021－85	精度等级：8－8－7jb4021－85
齿顶高系数：1.2	齿顶高系数：1.5
螺旋方向：left	螺旋方向：Right
全齿高：6	全齿高：5.44
名义弦齿深：5.805	名义弦齿深：5.279

计算精度 ε 取值为0.00001，相当于0.04s。执行程序，计算结果如下

$K_1=7 \quad W_{k1}=134.1071$

$K_2=17 \quad W_{k2}=375.5478$

基于牛顿迭代法进行圆弧齿轮公法线长度计算，用计算机编程计算简便可行，为生产提供了方便，此方法已在多家机械工厂推广。

习 题

1. 用对分法求方程 $f(x)$ 在区间［0，1］内的实根的近似值，要求误差不超过$\frac{1}{2^5}$。

$$f(x)=\mathrm{e}^{(-x)}-\sin\left(\frac{\pi x}{2}\right)=0$$

2. 求方程 $f(x)=\sin x-\left(\frac{x}{2}\right)^2=0$ 在区间［1.5，2］内的实根的近似值，并指出其误差。

3. 证明 $1-x-\sin x=0$ 在［0，1］内仅有一个根，使用对分法求误差不大于$\frac{1}{2}\times10^{-4}$的根需要对分多少次？

4. 证明：方程 $\mathrm{e}^x+10x-2=0$ 存在唯一实根 $\alpha\in[0,1]$，用对分法求出此根，要求误差不超过$\frac{1}{2}\times10^{-2}$。

5. 用迭代法解方程 $\mathrm{e}^x-2-x=0$，精确到4位有效数字。

6. 用不动点迭代法求解方程 $x^2=4+\ln x$。

7. 对方程 $x^3+x-1=0$ 求 Newton 法的公式。

8. 取初始估计 $x_0=0$，应用 Newton 法进行两步：

（a） $x^3+x-2=0$；

（b） $x^2-x-1=0$；

（c） $x^4-x^2+x-1=0$。

9. 用 Newton 法求解 $x^3-x-1=0$ 在 $x=1.5$ 附近的收敛性，并用 Newton 迭代法求解，要求 $|x_{k+1}-x_k|<10^{-5}$。

10. 取初始估计 $x_0=1$，$x_1=2$，对方程执行割线法的两步。

(a) $x^3=2x+2$；

(b) $e^x+\sin x=4$；

(c) $e^x+x=7$。

11. 取初始估计 $x_0=0$，$x_1=1$，用割线法求 $f(x)=x^3+x-1$ 的根。

“两弹一星”功勋科学家：王希季

“两弹一星”功勋科学家：孙家栋

第3章 方 程 组

线性方程组的数值解法可分为直接法和迭代法两大类，求解线性方程组的直接法，包括高斯消去法、直接三角分解法等，可以通过一些公式直接得到方程组的解。而迭代法是一种不断套用迭代公式，逐步逼近方程组解的方法。迭代法的计算量无法用公式本身来确定，计算量通常比直接法大，但可以人为控制精度，且特别适用于大型矩阵。然而，迭代法不是对所有线性方程组的所有迭代形式均适用，并且它还存在一些收敛性问题。

一、解线性方程组直接法

3.1 高斯消去法

解线性方程组最常用的方法是**高斯消去法**，即逐步消去变元的系数，把原方程组化为一个等价的系数阵为上三角形的方程组，然后再用回代过程求出其解而得到原方程组的解。

有3种有用的运算，将它们作用于一个线性方程组可得到一个等价的方程组，即两个方程组有相同的解，这3种运算是：

（1）将一个方程与另一个方程进行交换；

（2）将一个方程加上或减去另一方程的倍数；

（3）将一个方程乘上一非零常数。

例3.1 求解线性方程组

$$\begin{cases} x_1 + x_2 + 3x_4 = 4 \\ 2x_1 + x_2 - x_3 + x_4 = 1 \\ 3x_1 - x_2 - x_3 + 2x_4 = -3 \\ -x_1 + 2x_2 + 6x_3 - x_4 = 4 \end{cases} \tag{3.1}$$

解：第1步，将第1个方程的 -2 倍、-3 倍、1 倍加到第2个，第3个和第4个方程上，得

$$\begin{cases} x_1 + x_2 + 3x_4 = 4 \\ -x_2 - x_3 - 5x_4 = -7 \\ -4x_2 - x_3 - 7x_4 = -15 \\ 3x_2 + 6x_3 + 2x_4 = 8 \end{cases} \tag{3.2}$$

第2步，利用式(3.2)的第2个方程将第3个、第4个方程中的未知数 x_2 消去。为此，可将第二个方程的 -4 倍和 3 倍分别加到第3个和第4个方程上，得

$$\begin{cases} x_1 + \quad x_2 + 3x_4 = \quad 4 \\ -x_2 - \quad x_3 - 5x_4 = \ -7 \\ 3x_3 + 13x_4 \qquad = \ 13 \\ 3x_3 - 13x_4 \qquad = -13 \end{cases} \tag{3.3}$$

第3步是利用式(3.3)的第3个方程将第4个方程中的未知数 x_2 消去。为此，可将第3个方程的 -1 倍加到第4个方程上，得

$$\begin{cases} x_1 + \quad x_2 + 3x_4 = \quad 4 \\ -x_2 - \quad x_3 - 5x_4 = \ -7 \\ 3x_3 + 13x_4 \qquad = \ 13 \\ -26x_4 \qquad = -26 \end{cases} \tag{3.4}$$

可得 $x_4 = 1$，将 $x_4 = 1$ 代入其他方程，可得 $x_3 = 0$，$x_2 = 2$，$x_1 = -1$。

以上求解线性方程组的过程称为**顺序高斯消去法**，其中，利用加减消元法将普通式化系数矩阵为上三角矩阵的过程称为**消元**过程，而由式(3.4)依次求出 x_4、x_3、x_2、x_1 称为**回代**过程。

一般地，顺序高斯消去法主要包含消元和回代两个过程。消元过程就是对式(3.1)的增广矩阵（$A \mid b$）做有限次的初等行变换，使它的系数矩阵部分变为上三角矩阵。所用的初等变换主要是用一个数乘以某一行加到另一行上。

例 3.2 用顺序高斯消去法（消去过程加回代过程）解方程组。

$$\begin{cases} x_1 + 2x_2 + \ x_3 = \ 0 \\ 2x_1 + 2x_2 + 3x_3 = \ 3 \\ x_1 + 3x_2 \qquad = -2 \end{cases}$$

解：用增广矩阵表示消去过程：

$$[\boldsymbol{A} \mid \boldsymbol{b}] = \left[\begin{array}{ccc|c} 1 & 2 & 1 & 0 \\ 2 & 2 & 3 & 3 \\ 1 & 3 & 0 & -2 \end{array}\right]$$

$$\downarrow \begin{array}{l} (2) - 2 \times (1) \\ (3) - (1) \end{array}$$

$$\left[\begin{array}{ccc|c} 1 & 2 & 1 & 0 \\ 0 & -2 & 1 & 3 \\ 0 & 1 & -1 & -2 \end{array}\right]$$

$$\downarrow (3) - \left(-\frac{1}{2}\right) \times (2)$$

$$\left[\begin{array}{ccc|c} 1 & 2 & 1 & 0 \\ 0 & -2 & 1 & 3 \\ 0 & 0 & -\frac{1}{2} & -\frac{1}{2} \end{array}\right]$$

用回代过程得解：

$$x_3 = 1, x_2 = -1, x_1 = 1$$

即解向量

$$x=\begin{bmatrix}1\\-1\\1\end{bmatrix}$$

顺序高斯消去法的算法

输入： 系数矩阵$\boldsymbol{A}$、右端常向量$\boldsymbol{b}$，未知数个数n。

输出： 线性方程组$\boldsymbol{Ax}=\boldsymbol{b}$的解向量$\boldsymbol{x}$或失败信息。

（1）置$\boldsymbol{A}^{(1)}=(a_{ij}^{1})_{n\times n}=(a_{ij})_{n\times n}=\boldsymbol{A}$，

$\boldsymbol{b}^{(1)}=(b_1^{(1)},b_2^{(1)},\cdots,b_n^{(1)})^{\mathrm{T}}=\boldsymbol{b}$。

（2）消元过程

对$k=1$，2，…，$n-1$执行以下消元过程：

1）如果$a_{kk}^{(k)}=0$，输出"$a_{kk}^{(k)}=0$，顺序高斯消去法不能继续进行"的错误消息，停止计算，否则转2；

2）对$i=k+1$，$k+2$，…，n计算

$$l_{ik}=a_{ik}^{(k)}/a_{kk}^{(k)}$$
$$a_{ij}^{(k+1)}=a_{ij}^{(k)}-l_{ik}a_{kj}^{(k)},\ j=k+1,k+2,\cdots,n$$
$$b_i^{(k+1)}=b_i^{(k)}-l_{ik}b_k^{(k)}$$

（3）回代过程

1）如果$a_{nn}^{(n)}=0$，输出"$a_{nn}^{(n)}=0$，顺序高斯消去法不能继续进行"的错误消息，停止计算，否则转2）。

2）计算

$$x_n=b^{(n)}/a_{nn}^{(n)}$$
$$x_k=(b_k^{(k)}-\sum_{j=k+1}^{n}a_{kj}^{(k)}x_j)/a_{kk}^{(k)},\ k=n-1,n-2,\cdots,2,1$$

3）输出解向量$\boldsymbol{x}=(x_1,x_2,\cdots,x_n)^{\mathrm{T}}$。

结论： 高斯消去法消元步骤的运算计数求解n元线性方程组所需的乘除法运算总次数为$\frac{n^3}{3}+n^2-\frac{n}{3}$。高斯消去法回代过程的运算计数，对含$n$个变量的$n$个方程的三角形方程组，完成回代步骤需要$\frac{n^2}{2}+\frac{n}{2}$次乘法（除法）。顺序高斯消元法计算过程中出现的$a_{kk}^{(k)}(k=1,2,\cdots,n)$称为主元素。

3.2 LU 分解

通过进一步利用表形式，我们可以把方程组表示成矩阵形式。矩阵形式由于简化了算法及其分析，可以节约时间。

我们可以将方程组写成如下形式

$$Ax=b \tag{3.5}$$

其中 A 为 $n\times n$ 阶矩阵，x 和 b 都为 n 维向量，本章将讨论消去法与矩阵的三角分解之间的关系，从而可以从理论上讨论式(3.5)的求解方法。

3.2.1 矩阵的主子行列式

定义 3.1 $m\times n$ 阶矩阵 A 的前 p 行、前 p 列的元素组成的矩阵称为 A 的 p 阶主子矩阵。A 的 p 阶主子矩阵的行列式，称为 A 的 p 阶主子行列式。

主对角线元素都是 1 的上（下）三角方阵称为**单位上（下）三角方阵**。

3.2.2 LU 分解

LU 分解是高斯消去法的矩阵表示，若系数矩阵 A 可以分解成一个下三角矩阵 L 和一个上三角矩阵 U 的乘积，即

$$A=LU$$

则这种分解称为矩阵 A 的一种三角分解或 LU 分解。

例如方程组 $Ax=b$ 的矩阵形式

$$\begin{bmatrix} a & b \\ c & d \end{bmatrix}\begin{bmatrix} x_1 \\ x_2 \end{bmatrix}=\begin{bmatrix} c \\ d \end{bmatrix}$$

系数矩阵为 A，右端项向量为 b，我们想找到 x 使得向量 Ax 等于向量 b，当然这相当于 Ax 与 b 所有的分量对应相等。

对于下列方程组

$$\begin{cases} 2x_1+2x_2+3x_3=3 \\ 4x_1+7x_2+7x_3=1 \\ -2x_1+4x_2+5x_3=-7 \end{cases}$$

将方程组改写成 $Ax=b$ 的形式，易知

$$A=\begin{bmatrix} 2 & 2 & 3 \\ 4 & 7 & 7 \\ -2 & 4 & 5 \end{bmatrix},\ L=\begin{bmatrix} 1 & & \\ 2 & 1 & \\ -1 & 2 & 1 \end{bmatrix}$$

在消元过程结束后所得到的上三角方程组中，若将系数矩阵记为 U，则

$$U=\begin{bmatrix} 2 & 2 & 3 \\ & 3 & 1 \\ & & 6 \end{bmatrix}$$

不难看出，恰有 $A=LU$，说明，在消元过程中也求得了系数阵 A 的 LU 分解。

定理 3.1 若 n 阶矩阵 A 的 1 阶至 $n-1$ 阶主子行列式都不等于 0，则存在 n 阶单位下三角方阵 L 和 n 阶上三角方阵 U，使 $A=LU$。

定理 3.2 设矩阵 $A=(a_{ij})_{n\times n}(n\geqslant 2)$ 的各阶顺序主子式 $D_k\neq 0(k=1,2,\cdots,n)$ 则 A 有唯一的 LU 分解

$$A=LU$$

其中 L 为单位下三角矩阵；U 为上三角矩阵。

用下面例子来解释 LU 分解。

例 3.3 求 $\begin{bmatrix} 2 & -3 & -2 \\ -1 & 2 & -2 \\ 3 & -1 & 4 \end{bmatrix}$ 的 LU 分解。

解：分为 2 个步骤：

令 $A = LU$，即

$$\begin{bmatrix} 2 & -3 & -2 \\ -1 & 2 & -2 \\ 3 & -1 & 4 \end{bmatrix} = \begin{bmatrix} 1 & 0 & 0 \\ l_{21} & 1 & 0 \\ l_{31} & l_{32} & 1 \end{bmatrix} \begin{bmatrix} u_{11} & u_{12} & u_{13} \\ 0 & u_{22} & u_{23} \\ 0 & 0 & u_{33} \end{bmatrix}$$

考虑 A 的第一行，对比右边两矩阵的乘积，有

$$\begin{cases} 2 = 1 \times u_{11} \to u_{11} = 2 \\ -3 = 1 \times u_{12} \to u_{12} = -3 \\ -2 = 1 \times u_{13} \to u_{13} = -2 \end{cases}$$

此结果即 U 的第 1 行与 A 的第一行全相同，这对一般情形也是适用的，因此，在分解过程中，此结果可以直接写出。接着，依次考虑 A 的第 1 列、第 2 列、第 3 列…，有

$$\begin{cases} -1 = l_{11} \times u_{11} \to l_{21} = -1/2 \\ 3 = l_{31} \times u_{11} \to l_{31} = 3/2 \end{cases}$$

$$\begin{cases} 2 = l_{21} \times u_{12} + 1 \times u_{22} \to u_{22} = 1/2 \\ -2 = l_{21} \times u_{13} + 1 \times u_{23} \to u_{23} = -3 \end{cases}$$

$$-1 = l_{31} \times u_{12} + l_{32} \times u_{22} \to l_{32} = 7$$

$$4 = l_{31} \times u_{13} + l_{32} \times u_{23} + 1 \times u_{33} \to u_{33} = 28$$

即得

$$A = \begin{bmatrix} 1 & 0 & 0 \\ -1/2 & 1 & 0 \\ 3/2 & 7 & 1 \end{bmatrix} \begin{bmatrix} 2 & -3 & -2 \\ 0 & 1/2 & -3 \\ 0 & 0 & 28 \end{bmatrix}$$

3.2.3 利用 LU 分解的回代过程

我们已经把高斯消去法的消元步骤表示成一个矩阵乘积 LU 的形式，我们如何才能得到解 x？

一旦得到了 L 和 U，则问题 $Ax = b$ 可以写成 $LUx = b$。定义一个新的“辅助”向量 $c = Ux$，则回代是一个两步的过程：

1）解 $Lc = b$ 得到 c；

2）解 $Ux = c$ 得到 x。

由于 L 和 U 是三角形矩阵，上面两步都是简明易解的。

解线性方程组 $Ax = b$ 的工作量主要在消元过程，如果有一系列方程组，其系数矩阵皆

相同而仅右端项不同，在解第一个方程组时，就应该保留 $\boldsymbol{L}$ 和 $\boldsymbol{U}$ 以免重复计算同一矩阵的三角分解，此后只要解一系列的三角形方程组即可。

例 3.4 利用 LU 分解求解方程组。

$$\begin{bmatrix} 2 & -3 & -2 \\ -1 & 2 & -2 \\ 3 & -1 & 4 \end{bmatrix}\begin{bmatrix} x_1 \\ x_2 \\ x_3 \end{bmatrix}=\begin{bmatrix} 0 \\ -1 \\ 7 \end{bmatrix}$$

解：上面已经求出系数矩阵 $\boldsymbol{A}$ 的 LU 分解，即

$$\boldsymbol{A}=\begin{bmatrix} 1 & 0 & 0 \\ -1/2 & 1 & 0 \\ 3/2 & 7 & 1 \end{bmatrix}\begin{bmatrix} 2 & -3 & -2 \\ 0 & 1/2 & -3 \\ 0 & 0 & 28 \end{bmatrix}$$

用前推过程解下三角方程组

$$\begin{bmatrix} 1 & 0 & 0 \\ -1/2 & 1 & 0 \\ 3/2 & 7 & 1 \end{bmatrix}\begin{bmatrix} y_1 \\ y_2 \\ y_3 \end{bmatrix}=\begin{bmatrix} 0 \\ -1 \\ 7 \end{bmatrix}$$

$$\text{得}\begin{bmatrix} y_1 \\ y_2 \\ y_3 \end{bmatrix}=\begin{bmatrix} 0 \\ -1 \\ 14 \end{bmatrix}$$

用回带过程解上三角方程组

$$\begin{bmatrix} 2 & -3 & -2 \\ 0 & 1/2 & -3 \\ 0 & 0 & 28 \end{bmatrix}\begin{bmatrix} x_1 \\ x_2 \\ x_3 \end{bmatrix}=\begin{bmatrix} 0 \\ -1 \\ 14 \end{bmatrix} \quad \text{得}\begin{bmatrix} x_1 \\ x_2 \\ x_3 \end{bmatrix}=\begin{bmatrix} 2 \\ 1 \\ 1/2 \end{bmatrix}$$

3.3 PA = LU 分解

在 3.2 中，我们介绍了 LU 分解，但并不是所有的矩阵都有 LU 分解，如下例。

例 3.5 证明矩阵 $\boldsymbol{A}=\begin{bmatrix} 0 & 1 \\ 1 & 2 \end{bmatrix}$没有 LU 分解。

证明：LU 分解具有形式$\begin{bmatrix} 0 & 1 \\ 1 & 2 \end{bmatrix}=\begin{bmatrix} 1 & 0 \\ a & 1 \end{bmatrix}\begin{bmatrix} b & c \\ 0 & d \end{bmatrix}=\begin{bmatrix} b & c \\ ab & ac+d \end{bmatrix}$比较系数得到 $b=0$ 和 $ab=1$ 产生矛盾，所以矩阵 $\boldsymbol{A}$ 不能 LU 分解。事实上，具有零主元的矩阵都不能 LU 分解。

3.3.1 部分选主元

对方程组使用高斯消去法时，第一步是用 a_{11} 作为主元消去第一列。部分选主元方法在执行每一步消元步骤之前要比较数的大小来确定第一列中最大元素所在的位置，并将其所在的行交换到主元行。即选择第 p 行（其中 $|a_{p1}| \geqslant |a_{i1}|$）与第 1 行交换。在算法进程中，每次主元的选择都要做同样的检验。当决定第二次主元的时候，从当前的 a_{22} 开始检验它下面的所有元素，选择第 p 行，其中

$$|a_{p2}| \geqslant |a_{i2}|,\ (2 \leqslant i \leqslant n)$$

与第 2 行交换，以此类推。

3.3.2 置换矩阵

定义 3.2 每行每列都有一个 1 和 $n-1$ 个零的 n 阶方阵称为**置换矩阵**。例如：

$$\begin{bmatrix} 1 & 0 \\ 0 & 1 \end{bmatrix}, \begin{bmatrix} 0 & 1 \\ 1 & 0 \end{bmatrix}$$

是仅有的 2 阶置换矩阵，而

$$\begin{bmatrix} 1 & 0 & 0 \\ 0 & 1 & 0 \\ 0 & 0 & 1 \end{bmatrix}, \begin{bmatrix} 0 & 1 & 0 \\ 1 & 0 & 0 \\ 0 & 0 & 1 \end{bmatrix}, \begin{bmatrix} 1 & 0 & 0 \\ 0 & 0 & 1 \\ 0 & 1 & 0 \end{bmatrix}, \begin{bmatrix} 0 & 0 & 1 \\ 0 & 1 & 0 \\ 1 & 0 & 0 \end{bmatrix}, \begin{bmatrix} 0 & 0 & 1 \\ 1 & 0 & 0 \\ 0 & 1 & 0 \end{bmatrix}, \begin{bmatrix} 0 & 1 & 0 \\ 0 & 0 & 1 \\ 1 & 0 & 0 \end{bmatrix}$$

是 6 个 3 阶置换矩阵。

如果 $\boldsymbol{P}$ 是置换矩阵，那么 $\boldsymbol{PA}$ 可由陆续交换方阵 $\boldsymbol{A}$ 的两行而得，$\boldsymbol{AP}$ 可由陆续交换方阵 $\boldsymbol{A}$ 的两列而得。

置换矩阵有下列性质：

1）置换矩阵的行列式等于 +1 或 -1；

2）置换矩阵的乘积仍是置换矩阵；

3）置换矩阵的逆矩阵是此置换矩阵的转置矩阵。

n 阶置换矩阵可用 n 个自然数 1，2，…，n 的某种排列 M 表示，设用 $M[i]$ 表示排列 M 的第 i 个元素，当且仅当置换矩阵第 i 行的 1 位于第 j 列时，让 $M[i]=j$，用这样得出的排列来表示置换矩阵。

3.3.3 PA = LU 分解

一般地，对方程组(3.5) 即 $\boldsymbol{Ax}=\boldsymbol{b}$，只要 $\boldsymbol{A}$ 可逆，则方程组的解就存在且唯一。但 LU 分解的条件是 $\boldsymbol{A}$ 的一阶至 $n-1$ 阶主子式非零，这个条件很强，我们知道矩阵可逆并不要求一定有各阶主子式非零，比如在 $\boldsymbol{A}$ 中，即使 $a_{11}=0$，但 $\boldsymbol{A}$ 仍可能是可逆的。对于一般的可逆矩阵，怎样进行三角分解，这就是 PLU 分解所要解决的问题。

引理 3.1 设 n 阶方阵 $\boldsymbol{A}$ 的行列式不等于零，则存在 n 阶置换矩阵 $\boldsymbol{P}$，使 $\boldsymbol{PA}$ 的主子行列式都不等于零。

证明：用数学归纳法证明此引理。当 $n=1$ 时，引理显然成立。假设引理对 $k-1$ 阶矩阵成立，现证引理对 k 阶矩阵成立。

设 k 阶矩阵 $\boldsymbol{A}_k$ 的行列式不等于零，则此矩阵前 $k-1$ 列中至少有一个 $k-1$ 阶方阵，它的行列式不等于零。所以存在 k 阶置换矩阵 $\boldsymbol{P}_k$ 和 k 阶矩阵 $\boldsymbol{D}_k$，使

$$\boldsymbol{P}_k\boldsymbol{A}_k=\boldsymbol{D}_k$$

且矩阵 $\boldsymbol{D}_k$ 的 $k-1$ 阶主子行列式不等于零，把矩阵 $\boldsymbol{D}_k$ 写成分块的形式，得

$$\boldsymbol{P}_k\boldsymbol{A}_k=\boldsymbol{D}_k \triangleq \begin{bmatrix} \boldsymbol{D}_{k-1} & \boldsymbol{r} \\ \boldsymbol{s}^{\mathrm{T}} & \boldsymbol{b}_{kk} \end{bmatrix}$$

因为 $\boldsymbol{D}_{k-1}$ 的行列式不等于零，根据归纳法假设，存在 $k-1$ 阶置换矩阵 $\boldsymbol{P}_{k-1}$，使

$$P_{k-1}D_{k-1}=E_{k-1}$$

且 E_{k-1} 的主子行列式都不等于零。由以上两式可得

$$\begin{bmatrix} P_{k-1} & 0 \\ 0^{\mathrm{T}} & 1 \end{bmatrix} P_k A_k = \begin{bmatrix} E_{k-1} & P_{k-1}r \\ s^{\mathrm{T}} & b_{kk} \end{bmatrix}$$

上式左端前两个矩阵都是置换矩阵，它们的乘积也是置换矩阵；上式右端矩阵的主子行列式都不等于零。所以上式说明：引理对 k 阶矩阵成立。

利用上述引理，容易证明以下定理。

定理 3.3　设 k 阶矩阵 A_k 的行列式不等于零，则存在 n 阶置换矩阵 P，n 阶单位下三角矩阵 L，n 阶上三角矩阵 U，使得

$$PA=LU$$

矩阵的此种分解，称为 PLU **分解**。因为由上式可得 $A=P^{\mathrm{T}}LU$，并且 P^{T} 也是置换矩阵。在实际计算中，可以把求 LU 分解和求置换矩阵 P 穿插进行。下面举例说明。

PA = LU 分解就是部分选主元法的 LU 分解。P 为置换矩阵，PA 表示把一系列行交换作用于矩阵 A 而得到的矩阵。例如置换矩阵 $P=\begin{bmatrix} 0 & 1 & 0 \\ 1 & 0 & 0 \\ 0 & 0 & 1 \end{bmatrix}$ 表示交换 A 的第一行和第二行。

例 3.6　求下列矩阵的 PA = LU 分解。

$$A=\begin{bmatrix} 4 & 1 & 5 \\ 8 & 4 & 3 \\ 2 & 3 & 1 \end{bmatrix}$$

解：交换第 1 行和第 2 行，根据部分选主元法

$$P=\begin{bmatrix} 0 & 1 & 0 \\ 1 & 0 & 0 \\ 0 & 0 & 1 \end{bmatrix},\begin{bmatrix} 4 & 1 & 5 \\ 8 & 4 & 3 \\ 2 & 3 & 1 \end{bmatrix}\to\begin{bmatrix} 8 & 4 & 3 \\ 4 & 1 & 5 \\ 2 & 3 & 1 \end{bmatrix}$$

进行行运算，第 2 行减$\frac{1}{2}\times$第 1 行

$$\begin{bmatrix} 8 & 4 & 3 \\ 4 & 1 & 5 \\ 2 & 3 & 1 \end{bmatrix}\to\begin{bmatrix} 8 & 4 & 3 \\ 0 & -1 & \frac{7}{2} \\ 2 & 3 & 1 \end{bmatrix}$$

第 3 行减$\frac{1}{4}\times$第 1 行

$$\begin{bmatrix} 8 & 4 & 3 \\ 0 & -1 & \frac{7}{2} \\ 2 & 3 & 1 \end{bmatrix}\to\begin{bmatrix} 8 & 4 & 3 \\ 0 & -1 & \frac{7}{2} \\ 0 & 2 & \frac{1}{4} \end{bmatrix}$$

由于 $|a_{22}|<|a_{32}|$，交换第 2 行和第 3 行

$$P=\begin{bmatrix}0&1&0\\0&0&1\\1&0&0\end{bmatrix},\begin{bmatrix}8&4&3\\0&-1&\frac{7}{2}\\0&2&\frac{1}{4}\end{bmatrix}\to\begin{bmatrix}8&4&3\\0&2&\frac{1}{4}\\0&-1&\frac{7}{2}\end{bmatrix}$$

第3行减$\left(-\frac{1}{2}\right)\times$第二行

$$\begin{bmatrix}8&4&3\\0&2&\frac{1}{4}\\0&-1&\frac{7}{2}\end{bmatrix}\to\begin{bmatrix}8&4&3\\0&2&\frac{1}{4}\\0&0&\frac{29}{8}\end{bmatrix}$$

完成消元 PA = LU

$$\begin{bmatrix}0&1&0\\0&0&1\\1&0&0\end{bmatrix}\begin{bmatrix}4&1&5\\8&4&3\\2&3&1\end{bmatrix}=\begin{bmatrix}1&0&0\\\frac{1}{4}&1&0\\\frac{1}{2}&-\frac{1}{2}&1\end{bmatrix}\begin{bmatrix}8&4&3\\0&2&\frac{1}{4}\\0&0&\frac{29}{8}\end{bmatrix}$$

利用 PA = LU 分解求解方程组 $\boldsymbol{Ax}=\boldsymbol{b}$，对 $\boldsymbol{Ax}=\boldsymbol{b}$ 左乘 $\boldsymbol{P}$，

$$\boldsymbol{PAx}=\boldsymbol{Pb}$$
$$\boldsymbol{LUx}=\boldsymbol{Pb}$$

解 $\boldsymbol{Lc}=\boldsymbol{Pb}$ 得到 $\boldsymbol{c}$，解 $\boldsymbol{Ux}=\boldsymbol{c}$ 得到 $\boldsymbol{x}$。

例 3.7 求矩阵

$$\begin{bmatrix}0&0&1&2\\0&0&3&0\\1&-1&0&1\\2&0&-1&3\end{bmatrix}$$

的 PLU 分解。

解：在矩形框中写出自然数 1，2，…，n 的某种排列来表示置换矩阵，用高斯消去法求 LU 分解，必要时作行的交换，同时交换排列中的自然数。可得下列结果：

$$\begin{bmatrix}1\\2\\3\\4\end{bmatrix}\begin{bmatrix}0&0&1&2\\0&0&3&0\\1&-1&0&1\\2&0&-1&3\end{bmatrix},\begin{bmatrix}3\\2\\1\\4\end{bmatrix}\begin{bmatrix}1&-1&0&1\\0&0&3&0\\0&0&1&2\\2&0&-1&3\end{bmatrix}$$

$$\begin{bmatrix}3\\2\\1\\4\end{bmatrix}\begin{bmatrix}1&-1&0&1\\0&0&3&0\\0&0&1&2\\2&2&-1&1\end{bmatrix},\begin{bmatrix}3\\4\\1\\2\end{bmatrix}\begin{bmatrix}1&-1&0&1\\2&2&-1&1\\0&0&1&2\\0&0&3&0\end{bmatrix}$$

$$\begin{bmatrix}3\\4\\1\\2\end{bmatrix}\begin{bmatrix}1&-1&0&1\\2&2&-1&1\\0&0&1&2\\0&0&3&0\end{bmatrix},\begin{bmatrix}3\\4\\1\\2\end{bmatrix}\begin{bmatrix}1&-1&0&1\\2&2&-1&1\\0&0&1&2\\0&0&3&-6\end{bmatrix}$$

所以

$$\begin{bmatrix}0&0&1&0\\0&0&0&1\\1&0&0&0\\0&1&0&0\end{bmatrix}\begin{bmatrix}0&0&1&2\\0&0&3&0\\1&-1&0&1\\2&0&-1&3\end{bmatrix}$$
$$=\begin{bmatrix}1&0&0&0\\2&1&0&0\\0&0&1&0\\0&0&3&1\end{bmatrix}\begin{bmatrix}1&-1&0&1\\0&2&-1&1\\0&0&1&2\\0&0&0&-6\end{bmatrix}$$

有了方阵的 PLU 分解，就可以解系数矩阵为一般可逆矩阵的线性方程组了。

例 3.8 利用 PA = LU 分解求解方程组 $\boldsymbol{Ax}=\boldsymbol{b}$，其中 $\boldsymbol{A}=\begin{bmatrix}4&1&5\\8&4&3\\2&3&1\end{bmatrix}$，$\boldsymbol{b}=\begin{bmatrix}6\\0\\4\end{bmatrix}$

解： 完成 PA = LU 分解，还需要两次回代。

（1）$\boldsymbol{Lc}=\boldsymbol{Pb}$

$$\begin{bmatrix}1&0&0\\\frac{1}{4}&1&0\\\frac{1}{2}&-\frac{1}{2}&1\end{bmatrix}\begin{bmatrix}c_1\\c_2\\c_3\end{bmatrix}=\begin{bmatrix}0&1&0\\0&0&1\\1&0&0\end{bmatrix}\begin{bmatrix}6\\0\\4\end{bmatrix}=\begin{bmatrix}0\\4\\6\end{bmatrix}$$

得到 $c_1=0$，$c_2=4$，$c_3=8$

（2）$\boldsymbol{Ux}=\boldsymbol{c}$

$$\begin{bmatrix}8&4&3\\0&2&\frac{1}{4}\\0&0&\frac{29}{8}\end{bmatrix}\begin{bmatrix}x_1\\x_2\\x_3\end{bmatrix}=\begin{bmatrix}0\\4\\8\end{bmatrix}$$

得到

$$x_1=-\frac{49}{29},\ x_2=\frac{50}{29},\ x_3=\frac{64}{29}$$

解为

$$\boldsymbol{x}=\begin{bmatrix}-\frac{49}{29}\\\frac{50}{29}\\\frac{64}{29}\end{bmatrix}$$

在 MATLAB 中我们可以使用 LU 命令对方阵进行 PA = LU 分解，输入如下指令

```
>> A = [4 1 5;8 4 3;2 3 1];
>> [L,U,P] = lu(A)
```

得到以下的结果

```
L =
    1.000000000000000                    0                    0
    0.250000000000000    1.000000000000000                    0
    0.500000000000000   -0.500000000000000    1.000000000000000
U =
    8.000000000000000    4.000000000000000    3.000000000000000
                    0    2.000000000000000    0.250000000000000
                    0                    0    3.625000000000000
P =
    0    1    0
    0    0    1
    1    0    0
```

3.4 追赶法

若一矩阵的非零元素很少而零元素占绝大多数，则称该矩阵为**稀疏矩阵**，在实际问题中导出的线性方程组有许多是稀疏的，并且非零元素分布比较规律，往往集中于主对角线附近。本节讨论一种常用的简单情况。

3.4.1 三对角方阵非奇异的充分条件

定义 3.3 在方阵 $\boldsymbol{A}=[a_{ij}]$ 中，如果当 $|i-j|>1$ 时就有 $a_{ij}=0$，则称 $\boldsymbol{A}$ 是三对角方阵。三对角方阵为系数阵的方程组就是三对角线性方程组，设有方程组 $\boldsymbol{Ax}=\boldsymbol{d}$，其系数阵为

$$\boldsymbol{A}\triangleq\begin{bmatrix} b_1 & c_1 & & & \\ a_2 & b_2 & c_2 & & \\ & \ddots & \ddots & \ddots & \\ & & a_{n-1} & b_{n-1} & c_{n-1} \\ & & & a_n & b_n \end{bmatrix} \tag{3.6}$$

其中未写出的元素都等于零。

引理 3.2 设阶数不小于 2 的三对角方阵（3.6）中，所有 c_i 都不等于零，并且

$$|b_1|\geqslant|c_1|,\ |b_n|\geqslant|a_n|$$
$$|b_i|\geqslant|a_i|+|c_i|,\ i=2,3,\cdots,n-1$$

则此方阵非奇异。

证明：用数学归纳法证明此引理。

当 $n=2$ 时，引理显然成立。

假设引理对 $k-1$ 阶方阵成立，今证引理对 k 阶方阵也成立。

因为 $b_1\neq 0$，以 $-a_2/b_1$ 乘方阵 $\boldsymbol{A}_k$ 的第一行加到它的第二行得方阵 $\boldsymbol{B}_k$，则方阵 $\boldsymbol{B}_k$ 的第二行为

$$(0,b_2-a_2c_1/b_1,c_2,0,\cdots,0)$$

用 $\boldsymbol{B}_{k-1}$ 表示删去方阵 $\boldsymbol{B}_k$ 的第一行第一列而得的方阵，因为 $|b_2-a_2c_1/b_1|\geqslant|b_2|-|a_2||c_1/b_1|\geqslant|b_2|-|a_2|\geqslant|c_2|$。所以 $k-1$ 阶方阵 $\boldsymbol{B}_{k-1}$ 满足引理条件。由归纳法假设 $\det(\boldsymbol{B}_{k-1})\neq 0$。故 $\det(\boldsymbol{B}_k)=b_1\det(\boldsymbol{B}_{k-1})\neq 0$。这就完成归纳法而证明了此引理。

3.4.2 解三对角线性方程组的追赶法

定理 3.4 假设三对角方阵 $\boldsymbol{A}$ 满足引理 3.2 的条件，则 $\boldsymbol{A}$ 有三角分解

$$\boldsymbol{A}=\boldsymbol{LU}=\begin{bmatrix}1 & & & & \\ \alpha_2 & 1 & & & \\ & \alpha_3 & 1 & & \\ & & \ddots & \ddots & \\ & & & \alpha_n & 1\end{bmatrix}\begin{bmatrix}\beta_1 & c_1 & & & \\ & \beta_2 & c_2 & & \\ & & \ddots & \ddots & \\ & & & \beta_{n-1} & c_{n-1} \\ & & & & \beta_n\end{bmatrix} \tag{3.7}$$

其中未写出的元素都为零，则 α_i、β_i 由下式计算：

$$\begin{cases}\beta_1=b_1 \\ \alpha_i=a_i/\beta_{i-1},i=2,3,\cdots,n \\ \beta_i=b_i-a_ic_{i-1},i=2,3,\cdots,n\end{cases} \tag{3.8}$$

证明：由引理 3.2 和 LU 分解知，存在单位下三角阵 $\boldsymbol{L}$ 和上三角阵 $\boldsymbol{U}$，使 $\boldsymbol{A}=\boldsymbol{LU}$，且分解唯一。使用紧凑格式对 $\boldsymbol{A}$ 进行三角分解，立可证得式(3.7) 中未写出的元素等于0，而写出的元素满足式(3.8)。

下面用该定理来解三对角线性方程组

$$\boldsymbol{Ax}=\boldsymbol{d}\quad(\boldsymbol{d}=(d_1,d_2,\cdots,d_n)^{\mathrm{T}}) \tag{3.9}$$

显然式(3.9) 与下列方程组等价：

$$\boldsymbol{Ux}=\boldsymbol{y} \tag{3.10}$$

$$\boldsymbol{Ly}=\boldsymbol{d} \tag{3.11}$$

其中 $\boldsymbol{y}=(y_1,y_2,\cdots,y_n)^{\mathrm{T}}$ 为中间结果，将式(3.7) 中 $\boldsymbol{L}$ 的代入式(3.11)，得

$$\begin{cases}y_1=d_1 \\ y_i=d_i-\alpha_iy_{i-1},i=2,\cdots,n\end{cases} \tag{3.12}$$

再将 $\boldsymbol{U}$ 和 $\boldsymbol{y}$ 代入式(3.10)，得

$$\begin{cases}x_n=y_n/\beta_n \\ x_i=(y_i-c_ix_{i+1})/\beta_i,i=n-1,n-2,\cdots,1\end{cases} \tag{3.13}$$

通常把用式(3.8)、式(3.12)、式(3.13) 解三对角线性方程组(3.9) 的方法叫追赶法。

例 3.9 假设

$$A=\begin{bmatrix}-2 & 1 & & \\ 1 & -2 & 1 & \\ & 1 & -2 & 1 \\ & & 1 & -2\end{bmatrix},\ d=\begin{bmatrix}1\\1\\0\\-1\end{bmatrix}$$

用追赶法解方程组 $Ax=d$。

解：由公式(3.8) 算得

$$\beta_1=-2$$

$$\alpha_2=a_2/\beta_1=-\frac{1}{2},\ \beta_2=b_2-\alpha_2c_1=-2+\frac{1}{2}=-\frac{3}{2}$$

$$\alpha_3=a_3/\beta_2=-\frac{2}{3},\ \beta_3=b_3-\alpha_3c_2=-2+\frac{2}{3}=-\frac{4}{3}$$

$$\alpha_4=a_4/\beta_3=-\frac{3}{4},\ \beta_2=b_2-\alpha_4c_3=-2+\frac{3}{4}=-\frac{5}{4}$$

再由式(3.12)，得

$$y_1=1,\ y_2=d_2-\alpha_2y_1=\frac{3}{2}$$

$$y_3=d_3-\alpha_3y_2=1,\ y_4=d_4-\alpha_4y_3=-\frac{1}{4}$$

最后由式(3.13)，得方程组的解为

$$x_4=y_4/\beta_4=\frac{1}{5},\ x_3=(y_3-c_3x_4)/\beta_3=-\frac{3}{5}$$

$$x_2=(y_2-c_2x_3)/\beta_2=-\frac{7}{5},\ x_1=(y_1-c_1x_2)/\beta_1=-\frac{6}{5}$$

3.5 向量和矩阵的范数

从求非线性方程解的内容中，我们已经熟悉了迭代法，解的精度常常用相邻两次近似解的差的绝对值来衡量。对于解线性方程组，解的形式均为向量。相邻两次近似解的差距究竟是多少，需要给出一些度量的方法，因此，需要考虑 n 维线性空间的向量长度概念和距离概念。我们用向量范数来作为 n 维线性空间的测度。同时，线性方程组与矩阵有着密切的联系，对于矩阵空间，我们也给出一种度量方式，即引进矩阵范数。有了这些概念，便可以进一步研究和探讨解线性方程组的方法以及方程组本身的性质了。

3.5.1 向量的范数

设 x 是 n 维向量，x 的范数 $\|x\|$ 是满足下列三个性质的实数：

1. 正定性：当 $x\neq 0$ 时，$\|x\|>0$。
2. 齐次性：对任何实数 c 及任何实向量，都有

$$\|cx\|=|c|\cdot\|x\|$$

3. 三角不等式：对任何实向量 x、y，有

$$\|x+y\| \leqslant \|x\| + \|y\|$$

性质3称为三角不等式，因为它是"三角形任一边之长不大于其他两边之长的和"这一定理的推广，由范数的定义容易得出下列性质：

$$\|\mathbf{0}\| = 0,\quad \|-x\| = \|x\|$$

设 $x \triangleq [x_1, x_2, \cdots, x_n]^{\mathrm{T}}$，由公式

$$\|x\|_\infty \triangleq \max[\,|x_1|, |x_2|, \cdots, |x_n|\,]$$

$$\|x\|_1 \triangleq |x_1| + |x_2| + \cdots + |x_n|$$

$$\|x\|_2 \triangleq (x_1^2 + x_2^2 + \cdots + x_n^2)^{1/2}$$

定义的实数 $\|x\|_\infty$、$\|x\|_1$、$\|x\|_2$ 都满足范数定义的三个条件，它们都是 n 维向量的范数，分别称为**行范数**、**列范数**和**谱范数**。

这三种范数，称为基本范数，可以统一写成

$$\|x\|_p \triangleq (\,|x_1|^p + |x_2|^p + \cdots + |x_n|^p)^{1/p},\ p = \infty, 1, 2$$

一般用 $\|\cdot\|$ 泛指任何一种范数，$\|\cdot\|$ 指上列三种范数的某一种。

定理 3.5 对任意的实向量 x，y，下式始终成立

$$\|x\| - \|y\| \leqslant \|x-y\|$$

证明：由三角不等式可得

$$\|x\| = \|(x-y)+y\| \leqslant \|x-y\| + \|y\|$$

$$\|x\| - \|y\| \leqslant \|x-y\|$$

交换上式中的 x 和 y，又得

$$\|y\| - \|x\| \leqslant \|y-x\| = \|-(x-y)\| = \|x-y\|$$

由上二式即得定理的结论。

3.5.2 矩阵的范数

对任何实矩阵 A，由

$$\|A\| \triangleq \sup_{x\neq 0}\frac{\|Ax\|}{\|x\|}$$

所定义的实数，称为**矩阵 A 的**(由向量的范数 $\|\cdot\|$ 而导出的) **范数**。

矩阵范数具有下列基本性质：

1）当 $A \neq \mathbf{0}$ 时，$\|A\| > 0$；当 $A = \mathbf{0}$ 时，$\|A\| = 0$；

2）设 c 为实数，则 $\|cA\| = |c|\,\|A\|$；

3）$\|A+B\| \leqslant \|A\| + \|B\|$；

4）$\|Ax\| \leqslant \|A\|\|x\|$；

5）$\|AB\| \leqslant \|A\|\|B\|$。

注意，如果把 $m \times n$ 阶矩阵看成 $m \times n$ 维向量而定义矩阵的范数，则性质4和性质5不一定成立。例如，设

$$A \triangleq \begin{bmatrix} 1 & 1 \\ 0 & 1 \end{bmatrix},\ x \triangleq \begin{bmatrix} 1 \\ 1 \end{bmatrix}$$

而 $\|A\|_\infty \triangleq \max\limits_{i,j}|a_{ij}|$，则 $\|A\|_\infty = 1$，$\|x\|_\infty = 1$，$\|Ax\|_\infty = 2$，不满足性质4。

定理 3.6 $\|A\|_{\infty} \triangleq \max\limits_{i}\sum_{j=1}^{n}|a_{ij}|$。

证明：设 $\mu \triangleq \max\limits_{i}\sum_{j=1}^{n}|a_{ij}|$，且 $\|x\|_{\infty}=1$，则

$$\begin{aligned}\|Ax\|_{\infty} &= \max_{i}\left|\sum_{j=1}^{n}a_{ij}x_j\right| \leqslant (\max_{i}\sum_{j=1}^{n}|a_{ij}|)\max_{j}|x_j| \\ &= \mu\|x\|_{\infty} = \mu\end{aligned}$$

所以

$$\|A\|_{\infty} = \max_{\|x\|_{\infty}=1}\|Ax\|_{\infty} \leqslant \mu$$

另一方面，假设方阵 A 第 k 行元素绝对值之和等于 μ，即

$$\sum_{j=1}^{n}|a_{kj}| \triangleq \max_{i}\sum_{j=1}^{n}|a_{ij}| \triangleq \mu$$

作向量z：当 $a_{ij}\geqslant 0$ 时，z 的第 j 个分量等于 1；当 $a_{kj}<0$ 时，z 的第 j 个分量等于 -1，显然，$\|z\|_{\infty}=1$，而

$$\|Az\|_{\infty} = \sum_{j=1}^{n}|a_{kj}| = \mu$$

综上所述 $\|A\|_{\infty}\triangleq\mu$。

定理 3.7 $\|A\|_{1} = \max\limits_{j}\sum_{i=1}^{n}|a_{ij}|$。

证明和定理 3.6 类似，留作练习。

定理 3.6 和定理 3.7 说明：$\|A\|_{\infty}$（$\|A\|_{1}$）等于矩阵 A 每一行（列）元素绝对值之和中的最大值，把它称为行（列）**范数**。$\|A\|_{2}$ 与方阵 $A^{T}A$ 的特征值有关，把它称为**谱范数**。矩阵的范数 $\|A\|_{\infty}$，$\|A\|_{1}$，$\|A\|_{2}$ 分别由向量范数 $\|x\|_{\infty}$，$\|x\|_{1}$，$\|x\|_{2}$ 引入，对于向量范数，也采用相应的名称。

引理 3.3 设 A 为 n 阶实矩阵，则 n 阶方阵 $A^{T}A$ 的特征值都是非负实数，并且方阵 $A^{T}A$ 有 n 个线性无关且两两正交的特征向量。

证明：根据线性代数，对于 n 阶实对称方阵 $A^{T}A$，存在一个 n 阶正交矩阵 P，使得

$$P^{T}A^{T}AP = D$$

其中 D 为对角矩阵，D 的主对角线元素 λ_1，λ_2，…，λ_n 都是矩阵 $A^{T}A$ 的特征值。因为 P 是正交矩阵，故由上式导出

$$A^{T}AP = PD$$

设方阵 P 的各列为 p_1，p_2，…，p_n，则比较上式左右两端各列得

$$A^{T}Ap_j = \lambda_j p_j, j=1,2,\cdots,n$$

因为λ_j是特征值，所以 p_j 是特征向量。因为 P 是正交矩阵，所以

$$p_j \neq 0,\ 且\ p_j^{T}p_j = 1$$

由于 $A^{T}A$ 是半正定矩阵，由此和 p_j，λ_j的定义就有

$$0 \leqslant p_j^{T}A^{T}Ap_j = \lambda_j$$

即特征值 λ_j都是非负实数。

定理 3.8 矩阵 $\boldsymbol{A}$ 的谱范数等于方阵 $\boldsymbol{A}^{\mathrm{T}}\boldsymbol{A}$ 最大特征值的平方根。

证明： 由引理 3.3 知：方阵 $\boldsymbol{A}^{\mathrm{T}}\boldsymbol{A}$ 的特征值是非负实数，有 n 个线性无关且两两正交的特征向量 $\boldsymbol{p}_1$，$\boldsymbol{p}_2$，…，$\boldsymbol{p}_n$，并且 $\|\boldsymbol{p}_j\|_2=1$。任一 n 维向量 $\boldsymbol{x}$ 可以表示为

$$\boldsymbol{x}=\xi_1\boldsymbol{p}_1+\xi_2\boldsymbol{p}_2+\cdots+\xi_n\boldsymbol{p}_n$$

所以

$$\|\boldsymbol{x}\|_2^2=\boldsymbol{x}^{\mathrm{T}}\boldsymbol{x}=\xi_1^2+\xi_2^2+\cdots+\xi_n^2$$

用 $\boldsymbol{A}^{\mathrm{T}}\boldsymbol{A}$ 左乘向量 $\boldsymbol{x}$ 表达式的左右两端可得

$$\boldsymbol{A}^{\mathrm{T}}\boldsymbol{A}\boldsymbol{x}=\lambda_1\xi_1\boldsymbol{p}_1+\lambda_2\xi_2\boldsymbol{p}_2+\cdots+\lambda_n\xi_n\boldsymbol{p}_n$$

于是

$$\begin{aligned}\|\boldsymbol{A}\boldsymbol{x}\|_2^2&=(\boldsymbol{A}\boldsymbol{x})^{\mathrm{T}}(\boldsymbol{A}\boldsymbol{x})=\boldsymbol{x}^{\mathrm{T}}\boldsymbol{A}^{\mathrm{T}}\boldsymbol{A}\boldsymbol{x}\\&=\boldsymbol{x}^{\mathrm{T}}(\boldsymbol{A}^{\mathrm{T}}\boldsymbol{A}\boldsymbol{x})\\&=\lambda_1\xi_1^2+\lambda_2\xi_2^2+\cdots+\lambda_n\xi_n^2\end{aligned}$$

如果

$$\lambda_1\leqslant\lambda_2\leqslant\cdots\leqslant\lambda_n$$

则

$$\sqrt{\lambda_1}\,\|\boldsymbol{x}\|_2\leqslant\|\boldsymbol{A}\boldsymbol{x}\|_2\leqslant\sqrt{\lambda_n}\,\|\boldsymbol{x}\|_2$$

所以

$$\|\boldsymbol{A}\|_2\triangleq\sup_{x\neq0}\frac{\|\boldsymbol{A}\boldsymbol{x}\|_2}{\|\boldsymbol{x}\|_2}\leqslant\sqrt{\lambda_n}$$

当 $x=p_n$ 时，$\|\boldsymbol{A}\boldsymbol{p}_n\|_2/\|\boldsymbol{p}_n\|_2=\sqrt{\lambda_n}$，即 $\|\boldsymbol{A}\|_2=\sqrt{\lambda_n}$。

二、解线性方程组迭代方法

我们在解阶数不高的方程组时，可以用解线性方程的直接方法，但是这种方法在解阶数高且系数矩阵稀疏的方程组时却存在困难，特别是存在着难以克服存贮量大的问题，因此，我们需要借助迭代法解线性方程组，迭代法有能减少运算次数，节约存储空间的优点，下面介绍解线性方程组的迭代法。

3.6 雅可比迭代

雅可比（Jacobi）方法是求解方程组的不动点迭代的一种形式。第一步是改写方程组，求解未知量。求解第 i 个方程以得到第 i 个未知量，然后如不动点迭代一样，从某一初始估计开始进行迭代。

首先用雅可比迭代解下列三阶线性方程组的计算公式。

$$\begin{cases}a_{11}x_1+a_{12}x_2+a_{13}x_3=b_1\\a_{21}x_1+a_{22}x_2+a_{23}x_3=b_2\\a_{31}x_1+a_{32}x_2+a_{33}x_3=b_3\end{cases}\tag{3.14}$$

设在方程组(3.14) 中 $a_{11}\neq0$，$a_{22}\neq0$，$a_{33}\neq0$，把方程组(3.14) 改写成

$$\begin{cases} x_1 = \dfrac{1}{a_{11}}(\qquad\quad -a_{12}x_2 - a_{13}x_3 + b_1) \\ x_2 = \dfrac{1}{a_{22}}(-a_{21}x_1 \qquad\quad -a_{23}x_3 + b_2) \\ x_3 = \dfrac{1}{a_{33}}(-a_{31}x_1 - a_{32}x_2 \qquad\quad + b_3) \end{cases} \tag{3.15}$$

取任一向量 $\boldsymbol{x}^{(0)} = (x_1^{(0)}, x_2^{(0)}, x_3^{(0)})^{\mathrm{T}}$ 称为**初始近似**，把它代入到公式(3.15) 的右端，求出的结果分别为 $x_1^{(1)}, x_2^{(1)}, x_3^{(1)}$ 并把向量 $\boldsymbol{x}^{(1)} = (x_1^{(1)}, x_2^{(1)}, x_3^{(1)})^{\mathrm{T}}$ 称为一次近似。一般地，当求出了 k 次近似 $\boldsymbol{x}^{(k)} = (x_1^{(k)}, x_2^{(k)}, x_3^{(k)})^{\mathrm{T}}$ 以后，把它代入到式(3.15) 的右端，得

$$\begin{cases} x_1^{(k+1)} = \dfrac{1}{a_{11}}(\qquad\qquad -a_{12}x_2^{(k)} - a_{13}x_3^{(k)} + b_1) \\ x_2^{(k+1)} = \dfrac{1}{a_{22}}(-a_{21}x_1^{(k)} \qquad\qquad -a_{23}x_3^{(k)} + b_2) \\ x_3^{(k+1)} = \dfrac{1}{a_{33}}(-a_{31}x_1^{(k)} - a_{32}x_2^{(k)} \qquad\qquad + b_3) \end{cases} \tag{3.16}$$

把 $\boldsymbol{x}^{(k+1)} = (x_1^{(k+1)}, x_2^{(k+1)}, x_3^{(k+1)})^{\mathrm{T}}$ 称为 $k+1$ **次近似**，这样一来，从某一初始近似 $\boldsymbol{x}^{(0)}$ 出发，由递推公式(3.16)，陆续得到向量序列 $\boldsymbol{x}^{(0)}, \boldsymbol{x}^{(1)}, \cdots, \boldsymbol{x}^{(k)}, \boldsymbol{x}^{(k+1)}, \cdots$，它的任一项 $\boldsymbol{x}^{(k+1)}$ 都是用递推公式(3.16) 由 $\boldsymbol{x}^{(k)}$ 求出的（$k=0$，1，2…）。

在一定条件下，对任何初始向量 $\boldsymbol{x}^{(0)}$，按上述方法求出的向量序列的极限 α 存在，并且等于方程组(3.14) 的解，这种求线性方程组(3.14) 的解的方法称为雅可比**迭代**。公式(3.16) 称为**迭代公式**(这种方法又称为**简单迭代法**)。

设方阵 $\boldsymbol{A} = [a_{ij}]$ 的主对角元素都不等于零，用雅可比迭代法解线性方程组

$$\boldsymbol{Ax} = \boldsymbol{b}$$

的迭代公式为

$$\boldsymbol{x}_i^{(k+1)} = \frac{1}{a_{ii}}\left(b_i - \sum_{j=1}^{i-1} a_{ij}x_j^{(k)} - \sum_{j=i+1}^{n} a_{ij}x_j^{(k)}\right) \quad (i = 1,2,\cdots,n; k = 0,1,2,\cdots) \tag{3.17}$$

为了讨论收敛性，将上式改写成矩阵形式，先将线性方程组 $\boldsymbol{Ax} = \boldsymbol{b}$ 的系数方阵 $\boldsymbol{A}$ 拆成

$$\boldsymbol{A} = \boldsymbol{D} - \boldsymbol{L} - \boldsymbol{U} \tag{3.18}$$

的形状，其中 $\boldsymbol{D}$ 是由 $\boldsymbol{A}$ 的主对角元素构成的对角方阵，而 $-\boldsymbol{L}$ 和 $-\boldsymbol{U}$ 分别是 $\boldsymbol{A}$ 的主对角以下的元素和主对角以上的元素所构成的下三角方阵和上三角方阵，这样

公式(3.17) 可化为

$$\boldsymbol{x}^{(k+1)} = \boldsymbol{D}^{-1}(\boldsymbol{L}+\boldsymbol{U})\boldsymbol{x}^{(k)} + \boldsymbol{D}^{-1}\boldsymbol{b} \tag{3.19}$$

其中 $\boldsymbol{x}^{(k)} = [x_1^{(k)}, x_2^{(k)}, \cdots, x_n^{(k)}]^{\mathrm{T}}$，$\boldsymbol{b} = [b_1, b_2, \cdots, b_n]^{\mathrm{T}}$

如果定义

$$\boldsymbol{B}_1 = \boldsymbol{D}^{-1}(\boldsymbol{L}+\boldsymbol{U}), \ \boldsymbol{g}_1 = \boldsymbol{D}^{-1}\boldsymbol{b} \tag{3.20}$$

则迭代公式(3.19) 可以写为

$$\boldsymbol{x}^{(k+1)} = \boldsymbol{B}_1\boldsymbol{x}^{(k)} + \boldsymbol{g}_1 \tag{3.21}$$

3.7 向量序列的极限

上面在叙述雅可比迭代时，我们提到了向量序列的极限这个概念，那么什么是向量序列的极限呢？

假设一个 n 维向量序列

$$\boldsymbol{x}^{(0)},\boldsymbol{x}^{(1)},\cdots,\boldsymbol{x}^{(k)},\boldsymbol{x}^{(k+1)},\cdots \tag{3.22}$$

其中 $\boldsymbol{x}^{(k)}=(x_1^{(k)},x_2^{(k)},\cdots,x_n^{(k)})^{\mathrm{T}}$，如果存在向量 $\boldsymbol{\alpha}=(\alpha_1,\alpha_2,\cdots,\alpha_n)^{\mathrm{T}}$，使得

$$\lim_{k\to\infty}x_i^{(k)}=\alpha_i,\ i=1,2,\cdots,n \tag{3.23}$$

则称向量序列（3.22）收敛，它的极限是 α，并记

$$\alpha=\lim_{k\to\infty}\boldsymbol{x}^{(k)} \tag{3.24}$$

也就是说，我们用向量分量的收敛性来定义向量序列的收敛性，那么很明显可以看出，式(3.23) 成立的充分必要条件是

$$\lim_{k\to\infty}\|\boldsymbol{x}_i^{(k)}-\boldsymbol{\alpha}\|_\infty=0 \tag{3.25}$$

由向量范数的连续性和等价性可知，$\lim\limits_{k\to\infty}\boldsymbol{x}_i^{(k)}=\alpha_i$，$i=1,\ 2,\ \cdots,\ n$ 成立的充分必要条件是：对于任何向量范数 $\|\cdot\|$ 有

$$\lim_{k\to\infty}\|\boldsymbol{x}^{(k)}-\boldsymbol{\alpha}\|=0 \tag{3.26}$$

例 3.10 应用雅可比方法解方程组 $\begin{cases}10x_1-x_2-2x_3=7.2\\-x_1+10x_2-2x_3=8.3\\-x_1-x_2+5x_3=4.2\end{cases}$

解：将方程组按雅可比方法写成

$$\begin{cases}x_1=0.1x_2+0.2x_3+0.72\\x_2=0.1x_1+0.2x_3+0.83\\x_3=0.2x_1+0.2x_2+0.84\end{cases}$$

取初始值 $\boldsymbol{x}^{(0)}=(x_1^{(0)},x_2^{(0)},x_3^{(0)})^{\mathrm{T}}=(0,0,0)^{\mathrm{T}}$

迭代公式

$$\begin{cases}x_1^{(k+1)}=0.1x_2^{(k)}+0.2x_3^{(k)}+0.72\\x_2^{(k+1)}=0.1x_1^{(k)}+0.2x_3^{(k)}+0.83\\x_3^{(k+1)}=0.2x_1^{(k)}+0.2x_2^{(k)}+0.84\end{cases}$$

进行迭代，迭代结果见表 3.1。

表 3.1 例 3.10 迭代结果

k	0	1	2	3	4	5
$x_1^{(k)}$	0	0.72	0.971	1.057	1.0853	…
$x_2^{(k)}$	0	0.83	1.070	1.157	1.1853	…
$x_3^{(k)}$	0	0.84	1.150	1.248	1.2828	…

3.8 高斯-赛德尔迭代法

高斯-赛德尔（Gauss - Seidel）方法是对雅可比迭代法的一种优化。高斯-赛德尔迭代法与雅可比方法之间仅有的差别是，前者在每一步用到最新校正过的未知量的值。

使用雅可比迭代法时，$\boldsymbol{x}^{(k)}$ 的分量必须保存到 $\boldsymbol{x}^{(k+1)}$ 的分量全部算出之后才不再需要，所以雅可比迭代法又称**整体代换法**。

如果求出 $\boldsymbol{x}^{(k+1)}$ 的一个分量后，在下列公式的右端，立即用此分量代替 $\boldsymbol{x}^{(k)}$ 的对应分量，则得另一种迭代公式

$$\begin{cases} x_1^{(k+1)} = \dfrac{1}{a_{11}}(\qquad\qquad - a_{12}x_2^{(k)} - a_{13}x_3^{(k)} + b_1) \\ x_2^{(k+1)} = \dfrac{1}{a_{22}}(- a_{21}x_1^{(k)} \qquad\qquad - a_{23}x_3^{(k)} + b_2) \\ x_3^{(k+1)} = \dfrac{1}{a_{33}}(- a_{31}x_1^{(k)} - a_{32}x_2^{(k)} \qquad\qquad + b_3) \end{cases} \tag{3.27}$$

用这种迭代公式求线性方程组的解的方法称为**Seidel 迭代法**，也叫**逐个代换法**。由上述内容可以看出，高斯-赛德尔迭代法所需的存储单元个数小于雅可比迭代法所需存储单元的个数。

设方阵 $\boldsymbol{A} = [a_{ij}]$ 的主对角线元素都不等于零，用高斯-赛德尔迭代法解线性方程组 $\boldsymbol{Ax} = \boldsymbol{b}$ 的迭代公式为

$$x_i^{(k+1)} = \frac{1}{a_{ii}}\Big(b_i - \sum_{j=1}^{i-1} a_{ij}x_j^{(k+1)} - \sum_{j=i+1}^{n} a_{ij}x_j^{(k)}\Big) \quad (i = 1,2,\cdots,n;k = 0,1,2,\cdots) \tag{3.28}$$

仍按公式(3.18) 拆裂系数矩阵 $\boldsymbol{A}$，则高斯-赛德尔迭代法的迭代公式为

$$\boldsymbol{x}^{(k+1)} = \boldsymbol{D}^{-1}\boldsymbol{L}\boldsymbol{x}^{(k+1)} + \boldsymbol{D}^{-1}\boldsymbol{U}\boldsymbol{x}^{(k)} + \boldsymbol{D}^{-1}\boldsymbol{b}$$

从上式解出 $\boldsymbol{x}^{(k+1)}$，得

$$\boldsymbol{x}^{(k+1)} = (\boldsymbol{D}-\boldsymbol{L})^{-1}\boldsymbol{U}\boldsymbol{x}^{(k)} + (\boldsymbol{D}-\boldsymbol{L})^{-1}\boldsymbol{b} \tag{3.29}$$

如果规定

$$\boldsymbol{B}_2 = (\boldsymbol{D}-\boldsymbol{L})^{-1}\boldsymbol{U},\ \boldsymbol{g}_2 = (\boldsymbol{D}-\boldsymbol{L})^{-1}\boldsymbol{b} \tag{3.30}$$

则迭代公式(3.29) 化为

$$\boldsymbol{x}^{(k+1)} = B_2\boldsymbol{x}^{(k)} + \boldsymbol{g}_2 \tag{3.31}$$

这和迭代公式 $\boldsymbol{x}^{(k+1)} = \boldsymbol{D}^{-1}(\boldsymbol{L}+\boldsymbol{U})\boldsymbol{x}^{(k)} + \boldsymbol{D}^{-1}\boldsymbol{b}$ 改写成的公式(3.21) 形状相同。式(3.21) 和式(3.31) 中的 $\boldsymbol{B}_1$、$\boldsymbol{B}_2$ 分别称为雅可比方法和高斯-赛德尔方法的**迭代矩阵**。一般用式(3.19) 和式(3.29) 进行理论推导，用公式(3.17) 和式(3.28) 进行计算。

对例 3.10 使用高斯-赛德尔迭代法，如下

迭代公式

$$\begin{cases} x_1^{(k+1)} = 0.1x_2^{(k)} + 0.2x_3^{(k)} + 0.72 \\ x_2^{(k+1)} = 0.1x_1^{(k+1)} + 0.2x_3^{(k)} + 0.83 \\ x_3^{(k+1)} = 0.2x_1^{(k+1)} + 0.2x_2^{(k+1)} + 0.84 \end{cases}$$

结果见表 3.2。

表 3.2 例 3.10 高斯–赛德尔迭代结果

k	0	1	2	3	4	5
$x_1^{(k)}$	0	0.72	1.043	1.093	1.099	…
$x_2^{(k)}$	0	0.902	1.167	1.195	1.199	…
$x_3^{(k)}$	0	1.164	1.282	1.297	1.299	…

例 3.11 用雅可比迭代法和高斯–赛德尔迭代法解线性方程组

$$\begin{bmatrix} 9 & -1 & -1 \\ -1 & 8 & 0 \\ -1 & 0 & 9 \end{bmatrix} \boldsymbol{x} = \begin{bmatrix} 7 \\ 7 \\ 8 \end{bmatrix}$$

当 $\max\limits_{1\leqslant i\leqslant 3} |\boldsymbol{x}_i^{(k)} - \boldsymbol{x}_i^{(k+1)}| < \varepsilon$（即 $\|\boldsymbol{x}^{(k)} - \boldsymbol{x}^{(k+1)}\|_\infty < \varepsilon$）$=10^{-3}$时停止迭代，取 $\alpha \approx \boldsymbol{x}^{(k+1)}$。

解： 雅可比方法的迭代公式为

$$\begin{cases} x_1^{(k+1)} = (\quad x_2^{(k)} + x_3^{(k)} + 7)/9 \\ x_2^{(k+1)} = (x_1^{(k)} \qquad\qquad + 7)/8 \\ x_3^{(k+1)} = (x_1^{(k)} \qquad\qquad + 8)/9 \end{cases}$$

取 $x^{(0)}=0$，由上列公式计算迭代结果见表 3.3。

表 3.3 Jacobi 迭代结果

k	0	1	2	3	4	5
$x^{(k)}$	0	0.7778	0.9738	0.9942	0.9993	0.9998
	0	0.8750	0.9722	0.9967	0.9993	0.9999
	0	0.8889	0.9753	0.9971	0.9993	0.9999

因为 $\max\limits_{1\leqslant i\leqslant 3} |x_i^{(4)} - x_i^{(5)}| < 10^{-3}$，所以 $\alpha \approx x^{(5)}$。

高斯–赛德尔迭代法的迭代公式为

$$\begin{cases} x_1^{(k+1)} = (\quad x_2^{(k)} + x_3^{(k)} + 7)/9 \\ x_2^{(k+1)} = (x_1^{(k+1)} \qquad\qquad + 7)/8 \\ x_3^{(k+1)} = (x_1^{(k+1)} \qquad\qquad + 8)/9 \end{cases}$$

取 $x^{(0)}=0$，由上列公式得逐次近似迭代结果见表 3.4。

表 3.4 高斯–赛德尔迭代结果

k	0	1	2	3	4
$x^{(k)}$	0	0.7778	0.9942	0.9998	1.0000
	0	0.9722	0.9993	1.0000	1.0000
	0	0.9753	0.9993	1.0000	1.0000

因为 $\max\limits_{1\leqslant i\leqslant 3} |x_i^{(3)} - x_i^{(4)}| < 10^{-3}$，所以 $\alpha \approx x^{(4)}$。

3.9 一般迭代法的收敛条件

可以把任何形式的迭代都改写为

$$x^{(k+1)}=Bx^{(k)}+g$$

因此，只要研究 $x^{(k+1)}=Bx^{(k)}+g$ 形式迭代的收敛性即可。

设所给方程组为

$$Ax=b \tag{3.32}$$

其中 A 为 n 阶非奇异矩阵，为构造迭代格式，需将式(3.32) 变形，变形方法很多，比如把 A 分解为两个矩阵之差

$$A=J-K \tag{3.33}$$

其中 J 非奇异，于是式(3.32) 可写为

$$Jx=Kx+b$$

即

$$x=J^{-1}Kx+J^{-1}b$$

令 $B=J^{-1}K$，$g=J^{-1}b$，即得

$$x=Bx+g \tag{3.34}$$

由式(3.34)，我们可以建立迭代格式，即对任何初始向量 $x^{(0)}$，由公式

$$x^{(k+1)}=Bx^{(k)}+g,\ k=0,1,2,\cdots \tag{3.35}$$

所以可以把任何形式的迭代都改写为

$$x^{(k+1)}=Bx^{(k)}+g$$

得出的向量序列为

$$x^{(0)},x^{(1)},\cdots,x^{(k)},x^{(k+1)},\cdots \tag{3.36}$$

称式(3.35) 为一般迭代法，B 是其迭代矩阵。

3.9.1 压缩映像原理

定理 3.9 已知方程组(3.34)，假如 B 的某一种范数小于 1，即 $\|B\|<1$，则对任何初始向量 $x^{(0)}$，由迭代公式(3.35) 求出的向量序列(3.36) 收敛于方程组(3.34) 的唯一解 ∂，并且有误差估计式

$$\|x^{(k)}-\partial\|\leqslant\|B\|^{k}\|x^{(0)}-\partial\| \tag{3.37}$$

证明：若 $\|B\|<1$，则方阵 $I-B$ 非奇异，所以线性方程组(3.34) 的解存在且唯一，设此方程组的解为 ∂，即

$$\partial=B\partial+g \tag{3.38}$$

式(3.35) 和式(3.38) 相减得，

$$x^{(k+1)}-\partial=B(x^{(k)}-\partial),\ k=0,1,\cdots$$

由数学归纳法可得

$$x^{(k)}-\partial=B^{k}(x^{(0)}-\partial) \tag{3.39}$$

对式(3.39) 两边取范数，再由范数的性质可得误差估计式(3.37)。

因为 $\|B\|<1$，所以当 $k\to\infty$ 时，由式(3.37) 导出 $\|x^{(k)}-\partial\|\to 0$，也就是说，当 $k\to\infty$ 时，$x^{(k)}\to\partial$。

引理 3.4 给定任一正数 ε，必定存在一种向量范数 $\|\cdot\|$，使得由此而导出的范数矩阵 $\|\cdot\|$ 满足条件

$$\|B\|_*\leqslant\rho(B)+\varepsilon$$

3.9.2 方阵的谱半径

定理 3.10 实矩阵的特征值可能是复数，设 λ_i 是矩阵 A 的特征值，把实数

$$\rho(A)=\max_i|\lambda_i| \tag{3.40}$$

称为方阵 A 的谱半径。

谱半径不能作为方阵的范数，比如

$$A=\begin{bmatrix}0&1\\0&0\end{bmatrix},\ B=\begin{bmatrix}0&0\\1&0\end{bmatrix}$$

一方面，$\rho(A)=\rho(B)=0$，而 $A\neq 0$，$B\neq 0$，另一方面 $\rho(A)+\rho(B)=1$，不满足三角不等式 $\rho(A+B)\leqslant\rho(A)+\rho(B)$

3.9.3 一般迭代法收敛的充分必要条件

定理 3.11 对任意初始向量 $x^{(0)}$，由迭代公式(3.35) 所得的序列(3.36) 收敛的充分必要条件是谱半径 $\rho(B)<1$。

证明： 首先证明必要性。如果对任意初始向量 $x^{(0)}$，由迭代公式(3.35) 所得的序列(3.36) 收敛。设

$$\lim_{k\to\infty}x^{(k)}=\alpha$$

则由迭代公式(3.35) 取极限得

$$\alpha=B\alpha+g$$

这说明 α 是方程组(3.34) 的解。

由定理 3.9 的证明过程知

$$x^{(k)}-\alpha=B^k(x^{(0)}-\alpha)$$

取 $x^{(0)}$ 使得 $x^{(0)}-\alpha$ 为矩阵 B 的属于特征值 λ 的特征向量，则由上式可得

$$x^{(k)}-\alpha=\lambda^k(x^{(0)}-\alpha)$$

取极限就有

$$0=\lim_{k\to\infty}(x^{(k)}-\alpha)=\lim_{k\to\infty}\lambda^k(x^{(0)}-\alpha)$$

因为 $x^{(0)}-\alpha$ 是特征向量，不等于零，由上式又得

$$\lim_{k\to\infty}\lambda^k=0$$

由此可见，$|\lambda|<1$，因为 λ 是任一特征值，所以 $\rho(B)<1$。

再证充分性。设 $\rho(B)<1$，则存在正数 ε，使

$$\rho(B)+\varepsilon<1$$

根据引理 3.4，对任何正数 ε，存在一种向量范数 $\|\cdot\|$，使得由此而导出的矩阵范数 $\|\cdot\|$ 满足条件

$$\|B\|_* \leqslant \rho(B)+\varepsilon<1$$

根据定理3.9，在这种情况下，对任何初始向量 $x^{(0)}$，由迭代公式(3.35) 所得的序列(3.36) 收敛于方程组(3.34) 的唯一解。

例 3.12 设线性方程组 $Ax=b$ 的系数矩阵为

$$A=\begin{bmatrix}1 & \frac{1}{2} & \frac{1}{2}\\ \frac{1}{2} & 1 & \frac{1}{2}\\ \frac{1}{2} & \frac{1}{2} & 1\end{bmatrix}$$

证明雅可比迭代法不收敛而高斯-赛德尔迭代法收敛。

证明：两种迭代法的迭代矩阵分别为

$$B_1=D^{-1}(L+U)=\begin{bmatrix}0 & -\frac{1}{2} & -\frac{1}{2}\\ -\frac{1}{2} & 0 & -\frac{1}{2}\\ -\frac{1}{2} & -\frac{1}{2} & 0\end{bmatrix}$$

$$B_2=(D-L)^{-1}U=\begin{bmatrix}1 & 0 & 0\\ \frac{1}{2} & 1 & 0\\ \frac{1}{2} & \frac{1}{2} & 1\end{bmatrix}^{-1}\begin{bmatrix}0 & -\frac{1}{2} & -\frac{1}{2}\\ 0 & 0 & -\frac{1}{2}\\ 0 & 0 & 0\end{bmatrix}$$

$$=\begin{bmatrix}1 & 0 & 0\\ -\frac{1}{2} & 1 & 0\\ -\frac{1}{4} & -\frac{1}{2} & 1\end{bmatrix}\begin{bmatrix}0 & -\frac{1}{2} & -\frac{1}{2}\\ 0 & 0 & -\frac{1}{2}\\ 0 & 0 & 0\end{bmatrix}$$

$$=\begin{bmatrix}0 & -\frac{1}{2} & -\frac{1}{2}\\ 0 & \frac{1}{4} & -\frac{1}{4}\\ 0 & \frac{1}{8} & \frac{3}{8}\end{bmatrix}$$

因为 $\rho(B_1)=1$，而 $\rho(B_2)<1$，所以雅可比迭代法不收敛而高斯-赛德尔迭代法收敛。

例 3.13 设线性方程组 $Ax=b$ 的系数矩阵为

$$A=\begin{bmatrix}1 & -2 & 2\\ -1 & 1 & -1\\ -2 & -2 & 1\end{bmatrix}$$

证明雅可比迭代法收敛而高斯-赛德尔迭代法不收敛。

证明：两种迭代法的迭代矩阵分别为

$$B_1 = D^{-1}(L+U) = \begin{bmatrix} 0 & 2 & -2 \\ 1 & 0 & 1 \\ 2 & 2 & 0 \end{bmatrix}$$

$$B_2 = (D-L)^{-1}U = \begin{bmatrix} 1 & 0 & 0 \\ -1 & 1 & 0 \\ -2 & -2 & 1 \end{bmatrix}^{-1}\begin{bmatrix} 0 & 2 & -2 \\ 0 & 0 & 1 \\ 0 & 0 & 0 \end{bmatrix}$$

$$= \begin{bmatrix} 1 & 0 & 0 \\ 1 & 1 & 0 \\ 4 & 2 & 1 \end{bmatrix}\begin{bmatrix} 0 & 2 & -2 \\ 0 & 0 & 1 \\ 0 & 0 & 0 \end{bmatrix}$$

$$= \begin{bmatrix} 0 & 2 & -2 \\ 0 & 2 & -1 \\ 0 & 8 & 6 \end{bmatrix}$$

B_1 的特征多项式为 $-\lambda^3$，B_2 的特征多项式为 $-\lambda(\lambda^2+4\lambda-4)$。所以 $\rho(B_1)=0$，$\rho(B_2)=2(1+\sqrt{2})$。因为 $\rho(B_1)<1$，而 $\rho(B_2)>1$，可知雅可比迭代法收敛而高斯–赛德尔迭代法不收敛。

3.9.4 严格对角占优矩阵

定理 3.12 若对每个 $1 \leqslant i \leqslant n$, $|a_{ii}| > \sum_{j \neq i} |a_{ij}|$，则称 $n \times n$ 矩阵 $A = [a_{ij}]$ 是严格对角占优的。也就是说，每个主对角元在绝对值上要比所在行的其他所有元素的绝对值之和更大。

定理 3.13 若 $n \times n$ 矩阵 A 是严格对角占优的，则（1）A 为非奇异矩阵；（2）对每个向量 b 及每个初始估计，应用 $Ax=b$ 上的雅可比方法收敛到（唯一的）解。

比如对于方程组 $3u+v=5$，$u+2v=5$，系数矩阵是

$$A = \begin{bmatrix} 3 & 1 \\ 1 & 2 \end{bmatrix}$$

因为 $3>1$，$2>1$，故它是严格对角占优的，在这种情况下，收敛性得到了保证。另一方面，对于方程组 $u+2v=5$，$3u+v=5$，将雅可比方法用于矩阵

$$A = \begin{bmatrix} 1 & 2 \\ 3 & 1 \end{bmatrix}$$

这个矩阵不是对角占优的，不存在这样（收敛性）的保证。注意到严格对角占优只是一个充分条件，当没有这个条件时，雅可比方法仍可收敛。

例 3.14 确定矩阵

$$A = \begin{bmatrix} 3 & 1 & -1 \\ 2 & -5 & 2 \\ 1 & 6 & 8 \end{bmatrix}, B = \begin{bmatrix} 3 & 2 & 6 \\ 1 & 8 & 1 \\ 9 & 2 & -2 \end{bmatrix}$$

是否严格对角占优。

矩阵 A 是严格对角占优的，因为 $|3|>|1|+|-1|$，$|-5|>|2|+|2|$，$|8|>|1|+|6|$。B 不是严格对角占优的，因为，例如说 $|3|>|2|+|6|$ 不成立。可是，如果交换 B 的第一行和第三行，如果 B 就是对角占优的，就可以保证雅可比方法收敛。

定理 3.14 若 n 阶线性方程组 $\boldsymbol{Ax}=\boldsymbol{b}$ 的系数矩阵 $\boldsymbol{A}$ 按行严格对角占优，则雅可比方法和高斯-赛德尔方法都收敛。

证明：在 3.9.1 压缩映像原理中的定理 3.9 中，我们只要证明迭代矩阵 $\boldsymbol{B}_1$ 和 $\boldsymbol{B}_2$ 的某种范数小于 1 即可。

由方阵 $\boldsymbol{A}$ 执行严格对角占优可得

$$\|\boldsymbol{B}_1\|_\infty = \|\boldsymbol{D}^{-1}(\boldsymbol{L}+\boldsymbol{U})\|_\infty$$
$$= \max_i\left(\sum_{j=1}^{i-1}\left|\frac{a_{ij}}{a_{ii}}\right| + \sum_{j=i+1}^{n}\left|\frac{a_{ij}}{a_{ii}}\right|\right) < 1$$

所以雅可比方法收敛。

下面我们来证明 $\boldsymbol{B}_2$ 的行范数也小于 1。

设 $\boldsymbol{y}=\boldsymbol{B}_2\boldsymbol{x}$，根据矩阵范数的定义，

$$\|\boldsymbol{B}_2\|_\infty = \sup_{x\neq 0}\frac{\|\boldsymbol{B}_2\boldsymbol{x}\|_\infty}{\|\boldsymbol{x}\|_\infty}$$
$$= \max_{\|x\|_\infty=1}\|\boldsymbol{B}_2\boldsymbol{x}\|_\infty$$
$$= \max_{\|x\|_\infty=1}\|\boldsymbol{y}\|_\infty$$

由 $\boldsymbol{y}=\boldsymbol{B}_2\boldsymbol{x}=(\boldsymbol{D}-\boldsymbol{L})^{-1}\boldsymbol{Ux}$ 可得 $(\boldsymbol{D}-\boldsymbol{L})\boldsymbol{y}=\boldsymbol{Ux}$，即

$$\boldsymbol{y}=\boldsymbol{D}^{-1}\boldsymbol{Ly}+\boldsymbol{D}^{-1}\boldsymbol{Ux}$$

如果向量 $\boldsymbol{y}$ 的第 k 个分量的绝对值最大，则由上列方程组的第 k 个方程可得

$$\|\boldsymbol{y}\|_\infty = |y_k| \leqslant \sum_{j=1}^{k-1}\left|\frac{a_{kj}}{a_{kk}}\right|\|\boldsymbol{y}\|_\infty + \sum_{j=k+1}^{n}\left|\frac{a_{kj}}{a_{kk}}\right|\|\boldsymbol{x}\|_\infty$$

若设

$$r_i = \sum_{j=1}^{i-1}\left|\frac{a_{ij}}{a_{ii}}\right|,\ s_i = \sum_{j=i+1}^{n}\left|\frac{a_{ij}}{a_{ii}}\right|$$

则由以上三式就有

$$\|\boldsymbol{y}\|_\infty \leqslant r_k\|\boldsymbol{y}\|_\infty + s_k\|\boldsymbol{x}\|_\infty$$

由此可见，

$$\|\boldsymbol{B}_2\|_\infty = \max_{\|x\|_\infty=1}\|\boldsymbol{y}\|_\infty \leqslant \max_{1\leqslant i\leqslant n}\frac{s_i}{1-r_i}<1$$

所以，当方阵 $\boldsymbol{A}$ 按行严格对角占优时，高斯-赛德尔迭代法收敛。

应用实例

(1) 雅可比迭代法

实现雅可比迭代法的 MATLAB 函数文件 Fjacobi.m

```
% A为系数矩阵,b为右端向量,x0 位初始向量(默认为零向量)
% eps为精度(默认为1e-4),k为最大迭代次数,x为返回解向量
function [x,k] = Fjacobi(A,b,x0,eps)
```

```
D = diag(diag(A));
L = -tril(A, -1);
U = -triu(A,1);
B = D\(L + U);
f = D\b;
x = B* x0 + f;
k = 1;
while norm(x - x0) > = eps
    x0 = x;
    x = B* x0 + f;
    k = k + 1;
end
```

在 MATLAB 命令窗口输入及实验结果：

```
>> A = [6 -3 0 -1 0 0; -1 6 -3 0 -1 0;0 -1 6 -3 0 -1; -1 0 -1 6 -3 0;0 -1 0 -1 6
-3;0 0 -1 0 -1 6 ]
A =
     6    -3     0    -1     0     0
    -1     6    -3     0    -1     0
     0    -1     6    -3     0    -1
    -1     0    -1     6    -3     0
     0    -1     0    -1     6    -3
     0     0    -1     0    -1     6
>> b = [12:14:16:18:20:22]
b =
    12
    14
    16
    18
    20
    22
>> x0 = [0:0:0:0:0:0]
x0 =
     0
     0
     0
     0
     0
     0
```

```
x =

    9.9552
   11.8410
   11.9971
   12.2085
   11.0996
    7.5161

k =

   37
```

(2) 高斯-赛德尔迭代法

实现高斯-赛德尔迭代法的 MATLAB 函数文件 Fgseid.m。

```
% A为系数矩阵,b为右端向量,x0位初始向量(默认为零向量)。
%  e为精度(默认为1e-4),N为最大迭代次数,x为返回解向量。
function[x,k] = Fgseid(A,b,x0,eps)
D = diag(diag(A));% 提取对角矩阵
L = -tril(A,-1);% 提取下三角矩阵
U = -triu(A,1);% 提取上三角矩阵
G = (D - L)\U;
f = (D - L)\b;
x = G*x0 + f;% 赛德尔迭代格式
k =1;
while norm(x - x0) > =eps
    x0 = x;
    x = G*x0 + f;
    k = k +1;
end
```

在 MATLAB 命令窗口输入及实验结果:

```
>> A =[6 -3 0 -1 0 0;-1 6 -3 0 -1 0;0 -1 6 -3 0 -1;-1 0 -1 6 -3 0;0 -1 0 -1 6
-3;0 0 -1 0 -1 6]

A =

     6    -3     0    -1     0     0
    -1     6    -3     0    -1     0
     0    -1     6    -3     0    -1
    -1     0    -1     6    -3     0
     0    -1     0    -1     6    -3
     0     0    -1     0    -1     6
```

```
>> b=[12:14:16:18:20:22]

b =

    12
    14
    16
    18
    20
    22

>> x0=[0:0:0:0:0:0]

x0 =

    0
    0
    0
    0
    0
    0

>>[x,k]=Fgseid(A,b,x0,0.0001)

x =

     9.9552
    11.8410
    11.9971
    12.2085
    11.0996
     7.5161

k =

    24
```

结果分析：

从上面的雅可比迭代法和高斯-赛德尔迭代法这两种方法所得的实验结果可知，对于同样的矩阵：

```
A =

     6  -3   0  -1   0   0
    -1   6  -3   0  -1   0
     0  -1   6  -3   0  -1
    -1   0  -1   6  -3   0
     0  -1   0  -1   6  -3
     0   0  -1   0  -1   6
```

```
b =

    12
    14
    16
    18
    20
    22
```

对于同样的精度0.0001，雅可比迭代法要迭代37次，而高斯-赛德尔迭代法只要24次。从这个例子可以得出结论，用高斯-赛德尔迭代法比雅可比迭代法收敛速度快，具体地说，在收敛的前提下，及时地更新迭代方程的数据可以获得更好的收敛速度，效率更好。这个结论在多数情况下是成立的，但也有相反的情况，即高斯-赛德尔迭代法比雅可比迭代法收敛慢，甚至还有雅可比迭代法收敛，高斯-赛德尔迭代法发散的情形。

例3.15 在图所示的双杆系统中，已知杆1重 $G_1=300\text{N}$，长 $L_1=2\text{m}$，与水平方向的夹角为 $\theta_1=\pi/6$，杆2重 $G_2=200\text{N}$，长 $L_2=\sqrt{2}\,\text{m}$，与水平方向的夹角为 $\theta_2=\pi/4$。三个铰接点A、B、C所在平面垂直于水平面。求杆1、杆2在铰接点处所受到的力。

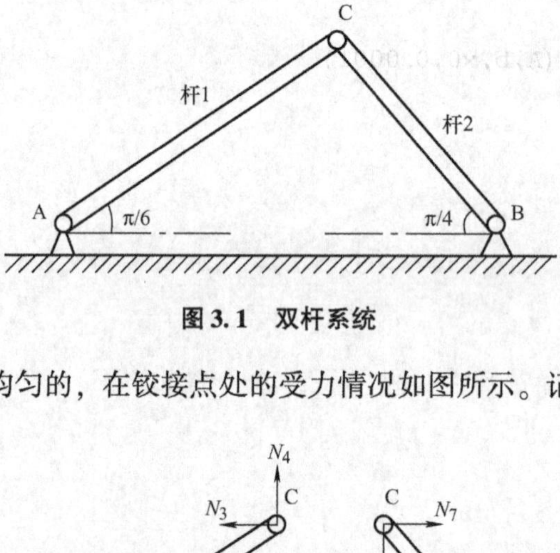

图3.1 双杆系统

解：假设两杆都是均匀的，在铰接点处的受力情况如图所示。记 $\theta_1=\pi/6$，$\theta_2=\pi/4$。

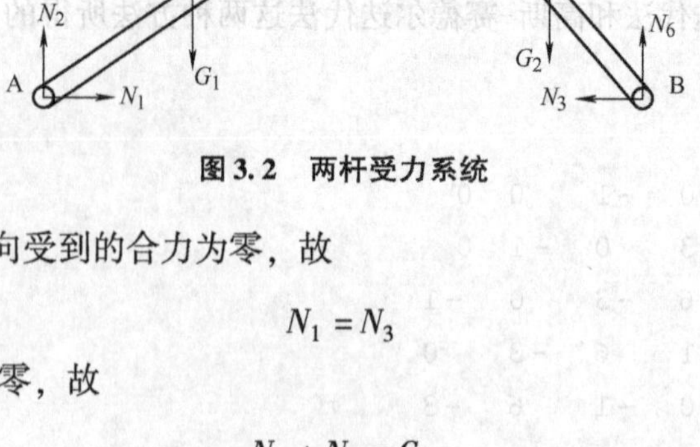

图3.2 两杆受力系统

对于杆1：水平方向受到的合力为零，故

$$N_1=N_3$$

竖直方向受到的合力为零，故

$$N_2+N_4=G_1$$

以点 A 为支点的合力矩为零，故

$$(L_1\sin\theta_1)N_3+(L_1\cos\theta_1)N_4=\left(\frac{1}{2}L_1\cos\theta_1\right)G_1$$

对于杆 2，类似地，有

$$N_5=N_7, N_6=N_8+G_2,\ (L_2\sin\theta_2)N_7=(L_2\cos\theta_2)N_8+\left(\frac{1}{2}L_2\cos\theta_2\right)G_2$$

此外还有

$$N_3=N_7,\ N_4=N_8$$

将上述 8 个等式联立起来可以得到关于 N_1、N_2、…、N_8 的线性方程组：

$$\begin{cases}N_1-N_3=0\\N_2+N_4=G_1\\(L_1\sin\theta_1)N_3+(L_1\cos\theta_1)N_4=\left(\frac{1}{2}L_1\cos\theta_1\right)G_1\\N_5-N_7=0\\N_6-N_8=G_2\\(L_2\sin\theta_2)N_7=(L_2\cos\theta_2)N_8+\left(\frac{1}{2}L_2\cos\theta_2\right)G_2\\N_3-N_7=0\\N_4-N_8=0\end{cases}$$

解线性方程组，得

$$N_1=158.4936, N_2=241.5064, N_3=158.4936, N_4=58.4936$$
$$N_5=158.4936, N_6=258.4936, N_7=158.4936, N_8=58.4936$$

计算 MATLAB 的程序如下：

```
G1 =300;L1 =2;theta1 =pi/6;
G2 =200;L2 =sqrt(2);theta2 =pi/4;
a =zeros(8);
a(1,[1 3]) =[1,-1];
a(2,[2 4]) =1;
a(3,[3 4]) =L1* [sin(theta1),cos(theta1)];
a(4,[5 7]) =[1 -1];
a(5,[6 8]) =[1 -1];
a(6,[7 8]) =L2* [sin(theta2) -cos(theta2)];
a(7,[3 7]) =[1 -1];a(8,[4 8]) =[1 -1];
b =[0 G1 L1* cos(theta1)* G1/2 0 G2 L2* cos(theta2)* G2/2 0 0]';
x =a/b
```

习　题

1. 用高斯消去法解方程组。

(1) $\begin{cases} -3x_1+2x_2+6x_3=4 \\ 10x_1-7x_2=7 \\ 5x_1-x_2+5x_3=6 \end{cases}$

(2) $\begin{bmatrix} 1 & 2 & 3 & \\ 2 & 1 & 2 & 3 \\ & 2 & 1 & 2 \\ & & 2 & 1 \end{bmatrix}\begin{bmatrix} x_1 \\ x_2 \\ x_3 \\ x_4 \end{bmatrix}=\begin{bmatrix} 0 \\ -2 \\ -1 \\ -3 \end{bmatrix}$

2. 用 LU 分解法解方程组。

(1) $\begin{bmatrix} 1 & 0 & 2 & 0 \\ 0 & 1 & 0 & 1 \\ 1 & 2 & 4 & 3 \\ 0 & 1 & 0 & 3 \end{bmatrix}\begin{bmatrix} x_1 \\ x_2 \\ x_3 \\ x_4 \end{bmatrix}=\begin{bmatrix} 5 \\ 3 \\ 17 \\ 7 \end{bmatrix}$

(2) $\begin{bmatrix} 1 & 2 & 3 & -1 \\ 2 & -1 & 9 & -7 \\ -3 & 4 & -3 & 19 \\ 4 & -2 & 6 & -21 \end{bmatrix}\begin{bmatrix} x_1 \\ x_2 \\ x_3 \\ x_4 \end{bmatrix}=\begin{bmatrix} 5 \\ 3 \\ 17 \\ -13 \end{bmatrix}$

3. 用雅可比迭代法求解方程组

(1) $\begin{cases} x_1+2x_2-2x_3=5 \\ x_1+x_2+x_3=1 \\ 2x_1+2x_2+x_3=3 \end{cases}$

取初始向量 $\boldsymbol{x}^{(0)}=[0\quad 0\quad 0]^{\mathrm{T}}$，当 $\|\boldsymbol{x}^{(k+1)}-\boldsymbol{x}^{(k)}\|_\infty<10^{-5}$ 时终止迭代。

(2) $\begin{cases} 4x_1+3x_2=16 \\ 3x_1+4x_2-x_3=20 \\ -x_2+4x_3=-12 \end{cases}$

取初始向量 $\boldsymbol{x}^{(0)}=[0\quad 0\quad 0]^{\mathrm{T}}$，当 $\|\boldsymbol{x}^{(k+1)}-\boldsymbol{x}^{(k)}\|_\infty<10^{-4}$ 时终止迭代。

4. 用高斯-赛德尔迭代法解方程组

(1) $\begin{cases} 9x_1-x_2-x_3=7 \\ -x_1+8x_2=7 \\ -x_1+9x_3=8 \end{cases}$

取初始向量 $\boldsymbol{x}^{(0)}=[0\quad 0\quad 0]^{\mathrm{T}}$，当 $\|\boldsymbol{x}^{(k+1)}-\boldsymbol{x}^{(k)}\|_\infty<10^{-3}$ 时终止迭代。

(2) $\begin{cases} 4x_1 + 3x_2 = 16 \\ 3x_1 + 4x_2 - x_3 = 20 \\ -x_2 + 4x_3 = -12 \end{cases}$

取初始向量 $\boldsymbol{x}^{(0)} = [0 \quad 0 \quad 0]^{\mathrm{T}}$，当 $\| \boldsymbol{x}^{(k+1)} - \boldsymbol{x}^{(k)} \|_{\infty} < 10^{-4}$ 时终止迭代。

5. 设有方程组

$$\begin{bmatrix} 1 & 2 & -2 \\ 1 & 1 & 1 \\ 2 & 2 & 1 \end{bmatrix} \begin{bmatrix} x_1 \\ x_2 \\ x_3 \end{bmatrix} = \begin{bmatrix} b_1 \\ b_2 \\ b_3 \end{bmatrix}$$

试证用雅可比方法解此方程组收敛，而用高斯-赛德尔方法解此方程组发散。

“两弹一星”功勋科学家：杨嘉墀

“两弹一星”功勋科学家：钱学森

第4章　插　　值

渐开线齿廓曲线是应用最多的齿廓曲线，对于齿轮传动设计，无论是有限元分析，还是进行虚拟仿真运动分析，以及实行齿轮加工数字化、自动化，改进传统的齿轮加工工艺流程，准确的完成齿轮的数控加工，都需要对渐开线齿轮的齿廓曲线进行精确的绘制（图4.1、图4.2）。为了保证渐开线齿轮建模的准确性、快速性，研究齿轮的建模方法，对渐开线圆柱齿轮的高效高质量生产加工有着重要的意义。

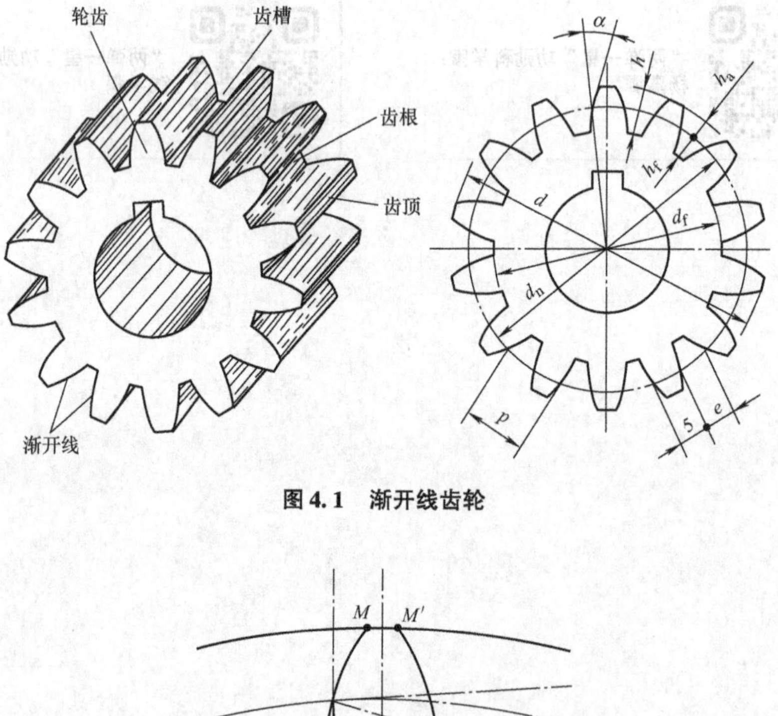

图4.1　渐开线齿轮

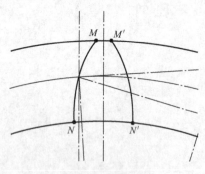

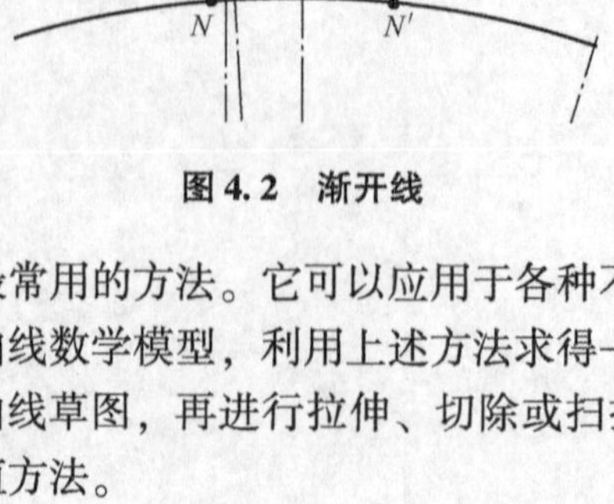

图4.2　渐开线

插值法是构建齿轮模型最常用的方法。它可以应用于各种不同齿廓曲线齿轮的建模，应用时，需要建立相应的齿廓曲线数学模型，利用上述方法求得一系列离散点坐标值，在三维软件中利用插值法绘出齿廓曲线草图，再进行拉伸、切除或扫描等，即可得到齿轮的模型。本章主要讨论的就是各种插值方法。

4.1 插值函数

定义 4.1 设 f 是定义在 $[a,\ b]$ 上的实值函数，并已知在 $[a,\ b]$ 上的 $n+1$ 个互异节点 x_i 及其相应的函数 $f_i=f(x_i)$ $(i=0,\ 1,\ 2,\ \cdots,\ n)$ 要求构建一个满足下列条件的函数

$$p(x_i)=f_i \quad (i=0,1,2,\cdots,n) \tag{4.1}$$

从而以 p 作为 f 的近似函数，并且在需要时通过 p 来估算出 f 在指定点上的值，这就是插值问题。这里称 f 为被插函数，p 为插值函数，x_i 为插值节点，$[a,\ b]$ 为插值区间，式(4.1) 为插值条件。

假设我们收集了一组数据点 $(x,\ y)$，譬如 $(0,\ 1)$，$(2,\ 2)$，$(3,\ 4)$ 有一条经过这 3 点的抛物线，我们把这条抛物线称为经过这 3 点的二次插值多项式。

定理 4.1 设已知 $[a,\ b]$ 上的函数 f 在 $n+1$ 个互异节点 $x_i\in[a,\ b]$ 上的 $f_i=f(x_i)$ $(i=0,1,2,\cdots,n)$，则存在唯一的次数 $i\leqslant n$ 的多项式 $p_n(x)\in P_n$ 满足

$$p_n(x_i)=f_i \quad (i=0,1,2,\cdots,n) \tag{4.2}$$

4.1.1 Lagrange 插值

上面提到的插值多项式，我们该怎么求呢？可以使用一个称为 Lagrange 插值公式的显式公式。例如，假设给定 $(x_1,\ y_1)$，$(x_2,\ y_2)$，$(x_3,\ y_3)$，那么多项式

$$p_2(x)=y_1\frac{(x-x_2)(x-x_3)}{(x_1-x_2)(x_1-x_3)}+y_2\frac{(x-x_1)(x-x_3)}{(x_2-x_1)(x_2-x_3)}+y_3\frac{(x-x_1)(x-x_2)}{(x_3-x_1)(x_3-x_2)} \tag{4.3}$$

就是关于这些点的 Lagrange 插值多项式。

4.1.2 *N* 次 Lagrange 插值

现在考虑过 $n+1$ 个点 $(x_i,\ y_i)$，$i=0,\ 1,\ 2,\ \cdots,\ n$ 的插值多项式 $L_n(x)$ 的问题。已知 $n+1$ 个点 $(x_i,\ y_i)$，$(i=0,\ 1,\ 2,\ \cdots,\ n)$，构造 n 次插值多项式 $L_n(x)$，使 $L_n(x_i)=y_i$，$i=0,\ 1,\ 2,\ \cdots,\ n$ 用插值基函数的方法，可设 $L_n(x)=\sum\limits_{i=0}^{n}l_i(x)y_i$，式中，$L_i(x)$ 称为插值基函数，它满足条件

$$l_i(x_j)=\begin{cases}1, & 当\ i=j,\\ 0, & 当\ i\neq j,\end{cases} \quad (i,j=0,1,2,\cdots,n)$$

故
$$L_i(x)=\frac{(x-x_0)\cdots(x-x_{i-1})(x-x_{i+1})\cdots(x-x_n)}{(x_i-x_0)\cdots(x_i-x_{i-1})(x_i-x_{i+1})\cdots(x_i-x_n)}=\prod_{\substack{j=0\\ j\neq 1}}^{n}\frac{x-x_j}{x_i-x_j} \tag{4.4}$$

于是 n 次插值多项式 $L_n(x)=\sum\limits_{i=0}^{n}\left(\prod\limits_{\substack{j=0\\ j\neq 1}}^{n}\frac{x-x_j}{x_i-x_j}\right)y_i$。因为每个插值函数 $L_i(x)$ 都是 n 次的，故 $L_n(x)$ 的次数不会超过 n，则

$$L_n(x_k) = \sum_{i=0}^{n} l_i(x_k) y_i = y_k \tag{4.5}$$

所以式 $L_n(x) = \sum_{i=0}^{n}\left(\prod_{\substack{j=0 \\ j\neq 1}}^{n} \frac{x - x_j}{x_i - x_j}\right) y_i$ 称为**拉格朗日插值多项式**。

例 4.1 已知 $x=1, 2, 3, 4, 5$ 对应的函数值为 $f(x)=1, 4, 7, 8, 6$，试构造 4 次拉格朗日插值多项式，并求 $f(1.5)$ 近似值。

解：由公式可得

$$L_4(x) = \frac{(x-2)(x-3)(x-4)(x-5)}{(1-2)(1-3)(1-4)(1-5)}\times 1 + \frac{(x-1)(x-3)(x-4)(x-5)}{(2-1)(2-3)(2-4)(2-5)}\times 4 +$$
$$\frac{(x-1)(x-2)(x-4)(x-5)}{(3-1)(3-2)(3-4)(3-5)}\times 7 + \frac{(x-1)(x-2)(x-3)(x-5)}{(4-1)(4-2)(4-3)(4-5)}\times 8 +$$
$$\frac{(x-1)(x-2)(x-3)(x-4)}{(5-1)(5-2)(5-3)(5-4)}\times 6 = \cdots = \frac{1}{24}x^4 - \frac{3}{4}x^3 + \frac{83}{24}x^2 - \frac{11}{4}x + 1$$

所以 $f(1.5) \approx L_4(1.5) = \frac{299}{128} = 2.3359375$

例 4.2 已知正弦函数部分值如下表

x_i	0.5	0.7	0.9	1.1	1.3	1.5	1.7	1.9
$\sin x_i$	0.4794	0.6442	0.7833	0.8912	0.9636	0.9975	0.9917	0.9463

编写程序用拉格朗日插值多项式计算 x_0 分别等于 0.6，0.8 和 1.0 处的值 sin(0.6)，sin(0.8)，sin(1.0) 处的近似值。

解：编写代码如下

```
X = [0.5 0.7 0.9 1.1 1.3 1.5 1.7 1.9];
Y = [0.4794 0.6442 0.7833 0.8912 0.9636 0.9975 0.9917 0.9463];
xi = 0.6;
n = length(X);
L = zeros(size(Y));
for i = 1:n;
    disp(i);
    dxNum = xi - X;
    dxDen = X(i) - X(1:n);
    for k = 1:n
        if i = = k
            disp(k)
              dxNum(i) = 1;
              dxDen(i) = 1;

              LNum = prod(dxNum(1:n));
              LDen = prod(dxDen(1:n));
              L(i) = LNum/LDen;
        end
    end
end
```

结果如下：

当 $x_i=0.6$ 时，$y_i=0.564593847656250$

当 $x_i=0.8$ 时，$y_i=0.717342089843750$

当 $x_i=1.0$ 时，$y_i=0.841442675781250$

4.1.3 Newton 均差

使用Lagrange 插值方法，可以构造出唯一的多项式，然而很少用它来计算，这是因为替代方法在计算上复杂程度更低。

定义 4.2 设函数 F 在互异节点 x_0，x_1，…上的值为 $f(x_0)$，$f(x_1)$，…定义

(1) 在 x_i，x_j 上的 1 阶均差为

$$f(x_i,x_j)=\frac{f(x_i)-f(x_j)}{x_i-x_j}$$

(2) 在 x_i，x_j，x_k 上的 2 阶均差为

$$f(x_i,x_j,x_k)=\frac{f[x_i,x_j]-f[x_j,x_k]}{x_i-x_k}$$

(3) 递推地，F 在 x_0，x_1，…，x_k 上的 k 阶均差为

$$f(x_0,x_1,\cdots,x_k)=\frac{f[x_0,x_1,\cdots,x_{k-1}]-f[x_1,x_2,\cdots,x_k]}{x_0-x_k}$$

计算各阶均差常用以下格式的均差表（以 $n=4$ 为例），如表 4.1 所示。

这些数是关于这些数据点的插值多项式的系数。插值多项式由 Newton 均差公式给出

$$\begin{aligned}P(x)=&f[x_1]+f[x_1,x_2](x-x_1)+f[x_1,x_2,x_3](x-x_1)(x-x_2)\\&+f[x_1,x_2,x_3,x_4](x-x_1)(x-x_2)(x-x_3)+f[x_1,x_n](x-x_1)\cdots(x-x_{n-1})\end{aligned} \tag{4.6}$$

从上述可以看出，多项式的系数可以从表中三角形的顶边读出。

表 4.1 各阶均差常用的均差表

x	$f(x)$	一阶均差	二阶均差	三阶均差	四阶均差
x_0	$f[x_0]$				
		$f[x_0,x_1]$			
x_1	$f[x_1]$		$f[x_0,x_1,x_2]$		
		$f[x_1,x_2]$		$f[x_0,x_1,x_2,x_3]$	
x_2	$f[x_2]$		$f[x_1,x_2,x_3]$		$f[x_0,x_1,x_2,x_3,x_4]$
		$f[x_2,x_3]$		$f[x_1,x_2,x_3,x_4]$	
x_3	$f[x_3]$		$f[x_2,x_3,x_4]$		
		$f[x_3,x_4]$			
x_4	$f[x_4]$				

例 4.3 用均差插值，求过（-1，-3），（1，0），（2，4）三点的插值多项式。

解： 作均差如表 4.2 所示。

表 4.2 例 4.3 均差表

x	$f(x)$	一阶均差	二阶均差
-1	-3		
		3/2	
1	0		5/6
		4	
2	4		

函数 $f(x)$ 的二阶均差插值多项式为

$$\begin{aligned}N_2(x) &= f(x_0) + (x-x_0)f(x_0,x_1) + (x-x_0)(x-x_1)f(x_0,x_1,x_2)\\ &= -3 + (x+1)\frac{3}{2} + (x+1)(x-1)\frac{5}{6}\\ &= \frac{1}{6}(5x^2+9x-14)\end{aligned}$$

这是表格函数的近似表达式。

例 4.4 用均差插值，求过（0，1），（2，3），（3，2）（5，5）四点的插值多项式。

解： 作均差表如表 4.3 所示。

表 4.3 例 4.4 均差表

x_i	$f(x_i)$	一阶均差	二阶均差	三阶均差
0	1			
		1		
2	3		-2/3	
		-1		3/10
3	2		5/6	
		3/2		-1/4
5	5		-1/6	

于是可得

$$\begin{aligned}N_3(x) &= f(x_0) + (x-x_0)f[x_0,x_1] + f[x_0,x_1,x_2](x-x_0)(x-x_1)\\ &\quad + f[x_0,x_1,x_2,x_3](x-x_0)(x-x_1)(x-x_2)\\ &= 1 + 1\times(x-0) - \frac{2}{3}(x-0)(x-2) + \frac{3}{10}(x-0)(x-2)(x-3)\\ &= 1 + x - \frac{2}{3}x(x-2) + \frac{3}{10}x(x-2)(x-3)\end{aligned}$$

例 4.5 已知自然对数函数的部分值如下表

x	0.4	0.5	0.6	0.7	0.8	0.9
$\ln x$	-0.916291	-0.693147	-0.510826	-0.357765	-0.223144	-0.105361

试编程用牛顿插值公式求 ln0.77 的近似值。

解：编写代码如下

```
clc;
clear;
formatlong;
Xi = [0.4 0.5 0.6 0.7 0.8 0.9];
Y = [-0.916291 -0.693147 -0.510826 -0.357765 -0.223144 -0.105361];
x = 0.77;% the interpolative value
dx = x - Xi;% (x - x1),(x - x2),…,(x - xn)
n = length(Xi);
yi(1) = Y(1);
D(:,1) = Y(:);
for j = 2:n
    for i = j:n
        D(i,j) = (D(i,j-1) - D(i-1,j-1))/(Xi(i) - Xi(i-j+1));
    end
    yi(j) = D(j,j)*prod(dx(1:j-1));% f(x1,
x2…xn)% (x - x1)(x - x2)…(x - xn)
end
Pn = sum(yi);% Pn = f1 + fx1 x2)* (x - x1) + …
disp(Pn);
```

得到结果为

```
yi = -0.261956170143750
```

拉格朗日插值与牛顿插值相比：拉格朗日插值多项式记号紧凑、方便记忆，并且 $\sum$、$\prod$ 在计算机上实现方便，因此程序比牛顿插值简单。但如果在拉格朗日插值多项式中改变插值次数，则必须重新计算，而在牛顿插值多项式中增加一个节点，只需在后面添加一项即可。

4.2 插值误差

4.2.1 误差公式

我们用函数 $f(x)$ 的拉格朗日插值多项式 $p(x)$ 作为 $f(x)$ 的近似表达式，只是在 n 个基点 x_1，…，x_n 处有 $p(x_i)=f(x_i)$，$i=0, 1, \cdots, n$。若 $x\neq x_i$，$(i=0, 1, \cdots, n)$，则一般

说来$p(x_i)\neq f(x_i)$，以$p(x)$作为$f(x)$的近似时，在点x处产生误差：$r_n(x)=f(x)-p(x)$，$r_n(x)$即是插值公式$f(x)=p_n(x)+r_n(x)$的余项。

定理4.2 假设$p(x)$是拟合n个点(x_1,y_1)，…，(x_n,y_n)的次数小于等于$n-1$的插值多项式，插值误差是

$$f(x)-p(x)=\frac{(x-x_1)(x-x_2)\cdots(x-x_n)}{n!}f^{(n)}(c) \tag{4.7}$$

这里c落在x，x_1，…，x_n中的最小值与最大值之间。

例4.6 求$f(x)=e^x$与在点-1，-0.2，0，0.4，1处插值的多项式在$x=0.35$及$x=0.45$处的误差的上界。

解：插值误差公式给出$f(x)-p_4(x)=\dfrac{(x+1)\left(x+\frac{1}{5}\right)x\left(x-\frac{2}{5}\right)(x-1)}{5!}f^{(5)}(c)$，$1<c<1$，5阶导数$f^{(5)}(c)=e^c$。

因为e^x关于x递增，它的最大值在区间的右端点，所以在$[-1,1]$上，$|f^{(5)}|\leqslant e^1$对于$1\leqslant x\leqslant 1$，误差公式为

$$|e^x-p_4(x)|=\frac{(x+1)\left(x+\frac{1}{5}\right)x\left(x-\frac{2}{5}\right)(x-1)}{5!}e$$

在$x=0.35$处，插值误差有上界$|e^{0.35}-p_4(0.35)|=\dfrac{(x+1)\left(x+\frac{1}{5}\right)x\left(x-\frac{2}{5}\right)(x-1)}{120}e\approx 0.000190$；

在$x=0.45$处，$|e^{0.45}-p_4(0.45)|=\dfrac{(x+1)\left(x+\frac{1}{5}\right)x\left(x-\frac{2}{5}\right)(x-1)}{120}e\approx 0.005249$；

在$x=0.45$处，插值误差可能比较大。

4.2.2 龙格现象

给出函数$f(x)=\dfrac{1}{1+x^2}$，$x\in[-5,5]$，在$[-5,5]$上取$n+1$个等距节点$x_i=-5+\dfrac{10}{n}i$及其对应的函数值$f_i(i=0,1,\cdots,n)$作相应的插值多项式$L_n(x)$，对不同的n，计算结果表明，在$[-5,5]$两端点的附近区域，L_n与f的变化很大，而且随着n的增大越发加剧。就$n=10$的情形，使用如下的MATLAB代码，可作图4.3所示Runge现象的示意图。

```
>>  x=linspace(-5,5,10+1);
    y=1./(1+x.^2);
    p=polyfit(x,y,10);
    xx=-5:0.01:5;
    yy=polyval(p,xx);
    plot(xx,yy,'b');
    hold on;
```

```
    grid on;
    plot(x,1./(1+x.^2),'r');
```

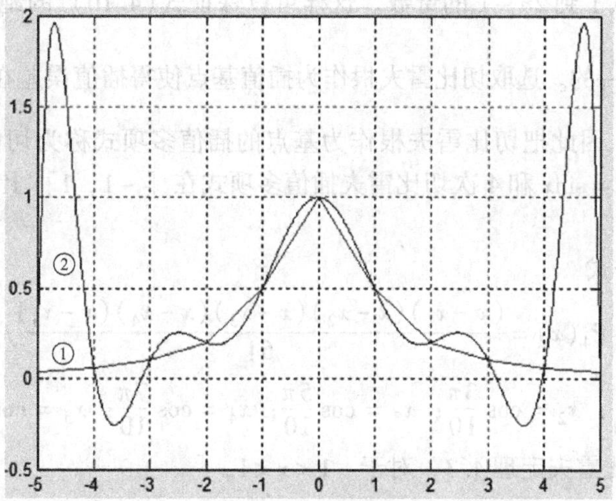

图 4.3 龙格现象

图中线①才是真正的函数图形。一般把这种次数越高而插值结果越偏离原函数的现象称为龙格（Runge）现象。所以在不熟悉曲线运动趋势的前提下，不要轻易使用高次插值。

4.3 切比雪夫插值

通常插值选取的基点 x_i 是等距的。当基点 x_i 不等距时。基点间隔的选取对插值误差有很大的影响。切比雪夫是插值涉及间隔点的一种特殊最优选取方式。

4.3.1 切比雪夫定理

切比雪夫插值用于改善在插值区间的插值误差

$$\frac{(x-x_1)(x-x_2)\cdots(x-x_n)}{n!}f^{(n)}(c) \tag{4.8}$$

的最大值的控制。现在固定此区间是 [-1, 1]，插值误差公式中的分子

$$(x-x_1)(x-x_2)\cdots(x-x_n)$$

本身是一个 x 的 n 次多项式并且在 [-1, 1] 上存在最大值，能否求出特定的 x_1，x_2，…，x_n 使上式(4.8) 的值最小。

定理 4.3 使得下式

$$\max|(x-x_1)(x-x_2)\cdots(x-x_n)| \tag{4.9}$$

的值尽可能小的实数 $-1\leqslant x_n\leqslant 1$ 的选取是

$$x_i=\cos\frac{(2i-1)}{2n}, i=1,2,\cdots,n \tag{4.10}$$

而且最小值是$\frac{1}{2^{n-1}}$。事实上，最小值是通过$(x-x_1)(x-x_2)\cdots(x-x_n)=\frac{1}{2^{n-1}}T_n(x)$ 达到

的，这里是 n 次切比雪夫多项式。从这个定理可以推知，如果 [-1, 1] 中的 n 个插值基点选取 n 次切比雪夫插值多项式 $T_n(x)$ 的根，那么就能使插值误差最小化。这些根是 $x_i=\cos\frac{\text{odd}\pi}{2n}$，odd 表示从 1 到 $2n-1$ 的奇数。这样可以保证式(4.10) 的绝对值对于 [-1, 1] 中的所有 x 是小于$\frac{1}{2^{n-1}}$的。选取切比雪夫根作为插值基点使得插值误差在整个区间 [-1, 1] 中尽可能均匀分布。因此把切比雪夫根作为基点的插值多项式称为切比雪夫插值多项式。

例 4.7 求 $f(x)=\sin x$ 和 4 次切比雪夫插值多项式在 [-1, 1] 上的差在最坏情形下的误差界。

解：插值误差公式

$$f(x)-P_4(x)=\frac{(x-x_1)(x-x_2)(x-x_3)(x-x_4)(x-x_5)}{5!}f^{(5)}(c)$$

其中 $x_1=\cos\frac{\pi}{10}$；$x_2=\cos\frac{3\pi}{10}$；$x_3=\cos\frac{5\pi}{10}$；$x_4=\cos\frac{7\pi}{10}$；$x_5=\cos\frac{9\pi}{10}$是切比雪夫根，$-1<c<1$，根据切比雪夫定理 4.3，对于 $-1<x<1$，

$$|(x-x_1)\ (x-x_2)\ \cdots\ (x-x_5)|\leqslant\frac{1}{2^4}$$

而且，$|f^{(5)}|\leqslant\sin 1$ 在 [-1, 1] 上成立，插值误差是 $|e^x-P_4(x)|\leqslant\frac{\sin 1}{2^{-4}\times 5!}\approx 0.1121961$，对区间 [-1, 1] 上所有的 x 成立。

4.3.2 切比雪夫多项式

用 $T_n(x)=\cos(n\arccos x)$ 定义 n 次切比雪夫多项式。一般地，注意到

$T_{n+1}(x)=\cos(n+1)y=\cos(ny+y)=\cos ny\cos y-\sin ny\sin y$

$T_{n-1}(x)=\cos(n-1)y=\cos(ny-y)=\cos ny\cos y-\sin ny\sin(-y)$

因为 $\sin(-y)=-\sin y$，可以把上面的等式相加得到：

$$T_{n+1}(x)+T_{n-1}(x)=2\cos ny\cos y=2xT_n(x)$$

得到结果：

$$T_{n+1}(x)=2xT_n(x)-T_{n-1}(x)\tag{4.11}$$

称为切比雪夫多项式的递推关系。由此可以得到以下一些事实：

【事实 1】

$T_0(x)=1$，$T_1(x)=x$，$T_2(x)=2x^2-1$，$T_3(x)=4x^3-3x$。

【事实 2】

$\deg(T_n)=n$ 并且首项系数是 2^{n-1}。

【事实 3】

$T_n(1)=1$ 及 $T_n(-1)=(-1)^n$。

【事实 4】

对于 $-1\leqslant x\leqslant 1$，$T_n(x)$ 的最大绝对值是 1。

【事实 5】

$T_n(x)$ 的全部零点位于 -1 和 1 之间，这些零点是 $0=\cos(n\arccos x)$ 的解。

【事实6】

$T_n(x)$ 交替地取 -1 和 1，总共 $n+1$ 次，发生在 $\cos 0$，$\cos\frac{\pi}{n}$，…，$\cos\frac{(n-1)\pi}{n}$，切比雪夫定理可以直接从这些事实得出。

4.3.3 区间改变

把区间 $[-1, 1]$ 推广到一般区间 $[a, b]$：

(1) 用因子$\frac{(b-a)}{2}$扩大这些点的间距；

(2) 用$\frac{(b+a)}{2}$平移这些点，使中心从 0 移到 $[a, b]$ 的中点，即从 $\cos\frac{\text{odd}\cdot\pi}{2n}$移到 $\frac{b-a}{2}\cos\frac{\text{odd}\cdot\pi}{2n}+\frac{b+a}{2}$。

例 4.8 对于区间$\left[0, \frac{\pi}{2}\right]$上的插值，求 4 个切比雪夫基点，并且求 $f(x)=\sin x$ 在该区间上切比雪夫插值的误差上限。

解：切比雪夫基点是

$$\frac{\frac{\pi}{2}-0}{2}\cos\left(\frac{\text{odd}\cdot\pi}{2\times(4)}\right)+\frac{\frac{\pi}{2}+0}{2}$$

即

$$x_1=\frac{\pi}{4}+\frac{\pi}{4}\cos\frac{\pi}{8}$$
$$x_2=\frac{\pi}{4}+\frac{\pi}{4}\cos\frac{3\pi}{8}$$
$$x_3=\frac{\pi}{4}+\frac{\pi}{4}\cos\frac{5\pi}{8}$$
$$x_4=\frac{\pi}{4}+\frac{\pi}{4}\cos\frac{7\pi}{8}$$

根据定理 4.3，对于 $0\leqslant x\leqslant\frac{\pi}{2}$，最坏的情形的插值误差是

$$|\sin x-P_3(x)|=\frac{|(x-x_1)(x-x_2)(x-x_3)(x-x_4)|}{4!}|f^{(4)}(c)|\leqslant\frac{\left(\frac{\frac{\pi}{2}-0}{2}\right)^4}{4!\times 2^3}1\approx 0.00198$$

4.4 三次样条插值

4.4.1 样条的定义

样条是数据插值的另一种方法，样条函数是现代函数逼近的重要分支，在计算几何方面，飞机、汽车、船体放样等工业设计方面有着重要的应用。在多项式插值中，由多项式给出通过所有点的单个公式。样条的想法是用一系列低次多项式通过有限的数据点。

线性样条是最简单的样条例子，它以线段连接各点，每对相邻的点之间的函数方程是 $y = kx + b$，如图4.4所示，给出的数据点是（0，0），（1，0.5），（2，2），（3，1.5）。

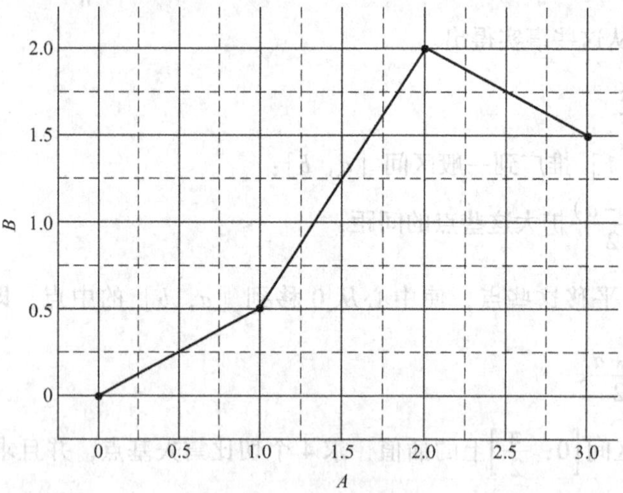

图4.4　线性样条1

得到线性样条的表达式为：

$$S(x) = \begin{cases} 0.5x, & x \in [0,1] \\ 2 + 1.5(x-2), & x \in [1,2] \\ 1.5 - 0.5(x-3), & x \in [2,3] \end{cases}$$

线性样条可以用 $n-1$ 个表达式成功插值任意一组 n 个数据点，但是线性样条缺乏光滑性。三次样条可以克服这种缺点，在同样的点（0，0），（1，0.5），（2，2），（3，1.5）处进行插值的三次样条曲线（如图4.5所示）的例子如下：

$$\begin{cases} S_1(x) = 0.4x^3 + 0.1x, & x \in [0,1] \\ S_2(x) = -(x-1)^3 + 1.2(x-1)^2 + 1.3(x-1) + 0.5, & x \in [1,2] \\ S_3(x) = 0.6(x-2)^3 - 1.8(x-2)^2 + 0.7(x-2) + 2.0, & x \in [2,3] \end{cases}$$

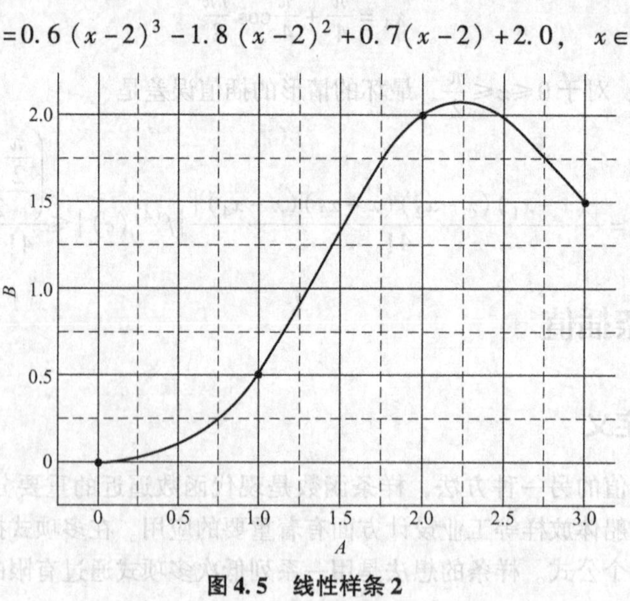

图4.5　线性样条2

4.4.2 样条的性质

定义4.3 假设给定 n 个数据点 (x_1, y_1)，(x_2, y_2)，…，(x_n, y_n)，这里 x_i 互不相同而且按递增次序经过数据点 (x_1, y_1)，(x_2, y_2)，…，(x_n, y_n) 的三次样条 $S(x)$ 是一组三次多项式

$$S_1(x)=y_1+b_1(x-x_1)+c_1(x-x_1)^2+d_1(x-x_1)^3, x\in[x_1,x_2]$$

$$S_2(x)=y_2+b_2(x-x_2)+c_2(x-x_2)^2+d_2(x-x_2)^3, x\in[x_2,x_3]$$

$$\vdots$$

$$S_{n-1}(x)=y_{n-1}+b_{n-1}(x-x_{n-1})+c_{n-1}(x-x_{n-1})^2+d_{n-1}(x-x_{n-1})^3, x\in[x_{n-1},x_n]$$

它具有以下性质：

【性质1】：

$S_i(x_i)=y_i$，$S_i(x_{i+1})=y_{i+1}$，$i=1, 2, \cdots, n-1$

【性质2】：

$S'_{i-1}(x_i)=S'_i(x_i)$，$i=2, \cdots, n-1$

【性质3】：

$S''_{i-1}(x_i)=S''_i(x_i)$，$i=2, \cdots, n-1$

性质1保证样条 $S(x)$ 插值这些数据点；性质2使得样条的相邻部分的斜率在它们相遇的地方一致；而性质3使得由二阶导数表示的曲率相同。

性质1可以得到 $n-1$ 个方程：

$$y_2=S_1(x_2)=y_1+b_1(x_2-x_1)+c_1(x_2-x_1)^2+d_1(x_2-x_1)^3$$

$$\vdots$$

$$y_n=S_{n-1}(x_n)=y_{n-1}+b_{n-1}(x_n-x_{n-1})+c_{n-1}(x_n-x_{n-1})^2+d_{n-1}(x_n-x_{n-1})^3$$

性质2产生 $n-2$ 个方程：

$$0=S'_1(x_2)-S'_2(x_2)=b_1+2c_1(x_2-x_1)+3d_1(x_2-x_1)^2-b_2$$

$$\vdots$$

$$0=S'_{n-2}(x_{n-1})-S'_{n-1}(x_{n-1})=b_{n-2}+2c_{n-2}(x_{n-1}-x_{n-2})+3d_{n-2}(x_{n-1}-x_{n-2})^2-b_{n-1}$$

性质3产生 $n-2$ 个方程：

$$0=S''_1(x_2)-S''_2(x_2)=2c_1+6d_1(x_2-x_1)-2c_2$$

$$\vdots$$

$$0=S''_{n-2}(x_{n-1})-S''_{n-1}(x_{n-1})=2c_{n-2}+6d_{n-2}(x_{n-1}-x_{n-2})-2c_{n-1}$$

【性质4】：

若满足 $S''_1(x_1)=0, S''_{n-1}(x_n)=0$ 则称此三次样条为自然三次样条。

例4.9 求经过点 $(-1, 1)$，$(0, 0)$，$(1, 1)$ 在区间 $[-1, 1]$ 内的自然三次样条插值函数。

解：将区间 $[-1, 1]$ 分成两个子区间 $[-1, 0]$ 和 $[0, 1]$，设

$$S_1(x)=a_1x^3+b_1x^2+c_1x+d_1, x\in[-1,0] \quad S_2(x)=a_2x^3+b_2x^2+c_2x+d_2, x\in[0,1]$$

由性质 1 得

$$S_1(-1)=1$$
$$S_2(0)=0$$
$$S_1(0)=0$$
$$S_2(1)=1$$

即

$$\begin{cases}-a_1+b_1-c_1=1\\ d_1=0\\ d_2=0\\ a_2+b_2+c_2=1\end{cases}$$

由性质 2 得 $$S_1'(x_2)=S_2'(x_2)$$

即 $$c_1=c_2$$

由性质 3 得 $$S_1''(x_2)=S_2''(x_2)$$

即 $$b_1=b_2$$

由性质 4 得 $$S_1''(x_1)=0$$
$$S_2''(x_3)=0$$

即 $$-6a_0+2b_0=0$$
$$6a_1+2b_1=0$$

联立方程组解得

$$\begin{cases}a_1=\dfrac{1}{2}\\ b_1=\dfrac{3}{2}\\ c_1=0\\ d_1=0\\ a_2=-\dfrac{1}{2}\\ b_2=\dfrac{3}{2}\\ c_2=0\\ d_2=0\end{cases}$$

故

$$S_1(x)=\frac{1}{2}x^3+\frac{3}{2}x^2,\ x\in[-1,0]$$

$$S_2(x)=-\frac{1}{2}x^3+\frac{3}{2}x^2,\ x\in[0,1]$$

4.5 Bézier 曲线

Bézier 曲线于 1962 年由法国工程师皮埃尔·贝塞尔（Pierre Bézier）广泛应用，他运用 Bézier 曲线来为汽车的主体进行设计。Bézier 曲线最初由 Paul de Casteljau 于 1959 年运用 de Casteljau 算法开发，以稳定数值的方法求出 Bézier 曲线。

Bézier 曲线是允许用户控制在节点处斜率的样条。作为这种额外自由的代价不再保证 4.4 节中的三次样条自动具有的特性，即经过节点的一阶及二阶导数的光滑性。Bézier 样条适用于以下的场合：有角（一阶导数不连续）以及曲率急剧变化（二阶导数不连续）。

每段平面 Bézier 样条由 4 个点（x_1，y_1），（x_2，y_2），（x_3，y_3），（x_4，y_4）确定。第一个点和最后一个点是样条曲线的端点，而中间两个点是控制点，如图 4.6 所示。曲线沿着切线方向（x_2-x_1，y_2-y_1）从（x_1，y_1）出发，并且沿着切线方向（x_4-x_3，y_4-y_3）在（x_4，y_4）处终止，这一切的方程表示为参数曲线$(x(t), y(t))$，$0\leqslant t\leqslant 1$。

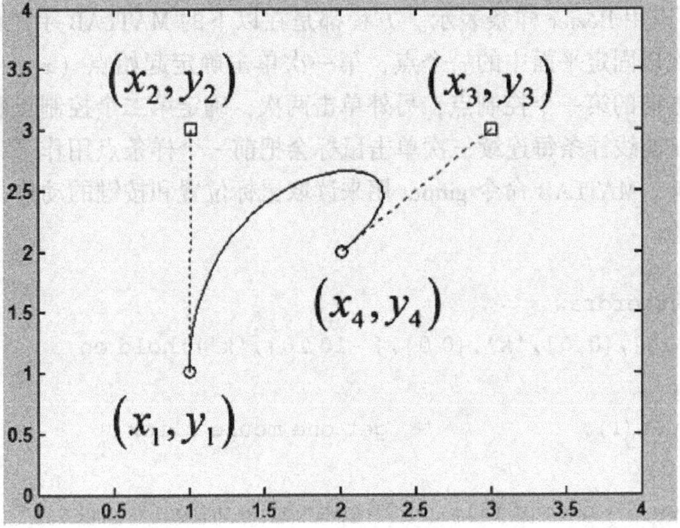

图 4.6 Bézier 曲线

定义 4.4（Bézier 曲线） 给定端点（x_1，y_1），（x_4，y_4），控制点（x_2，y_2），（x_3，y_3）令

$$
\begin{aligned}
b_x &= 3(x_2 - x_1) \\
c_x &= 3(x_3 - x_2) - b_x \\
d_x &= x_4 - x_1 - b_x - c_x \\
b_y &= 3(y_2 - y_1) \\
c_y &= 3(y_3 - y_2) - b_y \\
d_y &= y_4 - y_1 - b_y - c_y
\end{aligned}
$$

对于 $0\leqslant t\leqslant 1$，Bézier 曲线定义为

$$x(t)=x_1+b_xt+c_xt^2+d_xt^3$$

$$y(t)=y_1+b_yt+c_yt^2+d_yt^3$$

例 4.10 求经过点（1，1），（2，2）且控制点为（1，3），（3，3）的 Bézier 曲线$(x(t),y(t))$。

解：4 个点分别是 $(x_1,y_1)=(1,1),(x_2,y_2)=(1,3),(x_3,y_3)=(3,3),(x_4,y_4)=(2,2)$，由 Bézier 公式得到

$$b_x=0,\ c_x=6,\ d_x=-5$$

$$b_y=6,\ c_y=-6,\ d_y=1$$

所得 Bézier 样条为

$$x(t)=1+6t^2-5t^3$$

$$y(t)=1+6t-6t^2+t^3$$

图形如图 4.6 所示。

Bézier 曲线易于编程，而且经常用于绘图软件平面中的手画曲线可以看成是参数曲线$(x(t),y(t))$。可以用 Bézier 样条表示。方程都是在以下的 MATLAB 手工绘图软件中实现，用户单击鼠标两次以固定平面中的一个点，第一次单击确定起始点(x_1,y_1)，第二次单击标记沿路径预定方向的第一个控制点，另外单击两次，确定第二个控制点和终点，在这两个点之间画出 Bézier 曲线样条每连续三次单击鼠标会把前一个样条点用作下一段的起点，使曲线向前进一步延伸。MATLAB 命令 ginput 用来读取鼠标位置和按键的动作，提供以下代码供学生进行上机实验。

```
function bezierdraw
plot([-10 10],[0,0],'k',[0 0],[-10 10],'k');hold on
t=0:.02:1;
[x,y]=ginput(1);                  % get one mouse click
while(0 ==0)
  [xnew,ynew] = ginput(3);   % get three mouse clicks
  if length(xnew) < 3
    break                      % if return pressed, terminate
  end
  x=[x;xnew];y=[y;ynew];     % plot spline points and control pts
  plot([x(1) x(2)],[y(1) y(2)],'r:',x(2),y(2),'rs');
  plot([x(3) x(4)],[y(3) y(4)],'r:',x(3),y(3),'rs');
  plot(x(1),y(1),'bo',x(4),y(4),'bo');
  bx=3*(x(2)-x(1)); by=3*(y(2)-y(1));  % spline equations …
  cx=3*(x(3)-x(2))-bx;cy=3*(y(3)-y(2))-by;
  dx=x(4)-x(1)-bx-cx;dy=y(4)-y(1)-by-cy;
  xp=x(1)+t.*(bx+t.*(cx+t*dx));     % Horner's method
```

```
  yp=y(1)+t.*(by+t.*(cy+t*dy));
  plot(xp,yp)                  % plot spline curve
  x=x(4);y=y(4);               % promote last to first and repeat
end
hold off
```

应用实例

插值在现在的很多领域都有着广泛的应用。插值的应用始于20世纪在欧洲的雪铁龙工作的工程师Paul de Casteljau和雷诺的工程师Pierre Bézier。随后在美国通用汽车推动了三次样条和Bézier样条的建立。而现在，插值在包括计算机排版在内的许多领域都得到了应用。

插值法又称“内插法”，是利用函数$f(x)$在某区间中已知的若干点的函数值，作出适当的特定函数，在区间的其他点上用这特定函数的值作为函数$f(x)$的近似值，这种方法称为插值法。如果特定函数是多项式，就称它为插值多项式。本章介绍多项式插值和样条插值，使用它们便于寻求通过给定数据点的函数。

教学要求：

1. 了解表达数据的有效方法是进一步理解科学问题的基础；
2. 熟悉插值就是通过多项式来近似数据的最基础的方法；
3. 掌握求解插值的多种方法（如多项式插值和样条插值）。

教学重点和难点：掌握Lagrange插值、Newton均差、插值误差、Chebyshev插值、三次样条、插值误差、Runge现象。

（一）一元插值

一元插值是对一元数据点（x_i，y_i）进行插值。

线性插值：由已知数据点连成一条折线，认为相邻两个数据点之间的函数值就在这两点之间的连线上。一般来说，数据点数越多，线性插值就越精确。

调用格式：yi = interp1(x,y,xi,'linear')

wi = interp1(x,y,xi,'cubic') %三次多项式插值

说明：y_i、z_i、w_i为对应x_i的不同类型的插值。x、y为已知数据点。

例4.11 已知数据见表4.4。

表4.4 例数据

x	0	0.1	0.2	0.3	0.4
y	0.3	0.6	1.1	1.7	1.4
x	0.5	0.6	0.7	0.8	0.9
y	1.9	0.6	0.5	0.6	1.2
x	1				
y	2				

求当 $x_i = 0.38$ 时的 y_i 的值。

程序：

```
x = 0:.1:1;

y = [.3 .6 1.1 1.7 1.4 1.9 .6 .5 .6 1.2 2];

yi0 = interp1(x,y,0.025,'linear')

xi = 0:.02:1;

yi = interp1(x,y,xi,'linear');

zi = interp1(x,y,xi,'spline');

wi = interp1(x,y,xi,'cubic');

plot(x,y,'o',xi,yi,'r + ',xi,zi,'g* ',xi,wi,'k. - ')

legend('原始点','线性点','三次样条','三次多项式')

yi0 = 0.3750
```

结果如图 4.7 所示。

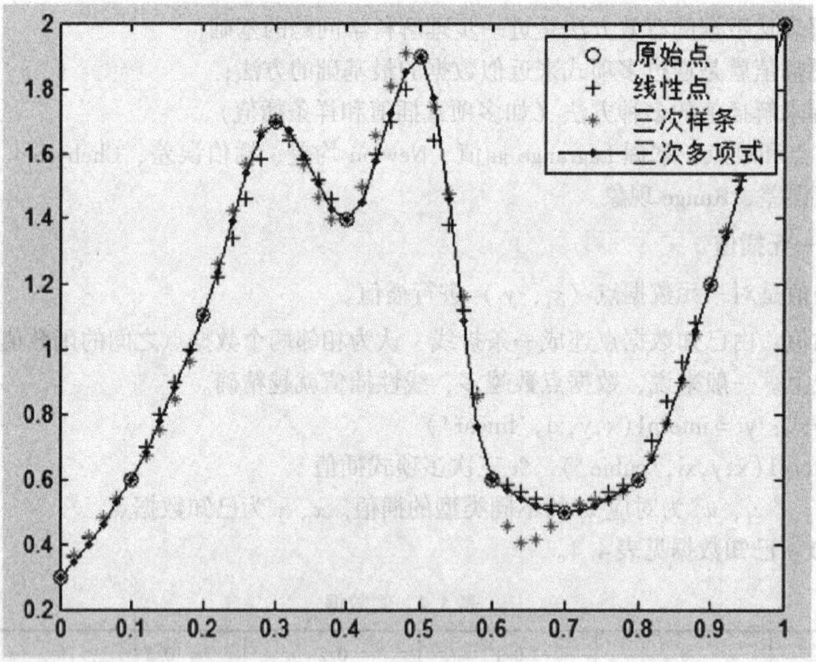

图 4.7 三次样条插值

要得到给定的几个点的对应函数值，可用：

```
>> xi = [0.3800  0.4800  0.5800]
yi = interp1(x,y,xi,'spline')
```

```
xi =

    0.3800   0.4800   0.5800

yi =

    1.3968   1.9099   0.8486
```

(二) 二元插值

二元插值与一元插值的基本思想一致，对原始数据点（x，y，z）构造函数求出插值点数据（x_i，y_i，z_i）。

单调节点插值函数，即 **x**，**y** 向量是单调的。

调用格式 1：zi = interp2(x,y,z,xi,yi,'linear')

'liner' 是双线性插值（缺省）

调用格式 2：zi = interp2(x,y,z,xi,yi,'nearest')

'nearest' 是最近邻域插值

调用格式 3：zi = interp2(x,y,z,xi,yi,'spline')

'spline' 是三次样条插值

说明：这里 **x** 和 **y** 是两个独立的向量，它们必须是单调的。**z**是矩阵，是由 **x** 和 **y** 确定的点上的值。**z**和 **x**，**y** 之间的关系是 $z(i,:)=f(x,y(i))$ $z(:,j)=f(x(j),y)$ 即：当 **x** 变化时，**z** 的第 i 行与 **y** 的第 i 个元素相关，当 **y** 变化时 **z** 的第 j 列与 **x** 的第 j 个元素相关。如果没有对 x，y 赋值，则默认 $x=1:n$，$y=1:m$。n 和 m 分别是矩阵 **z** 的行数和列数。

例 4.12 已知某处山区地形选点测量坐标数据为：

x = 0 0.6 1.2 1.8 2.43 3.6 4.2 4.8 5.4 6

y = 0 0.6 1.2 1.8 2.43 3.6 4.2 4.8 5.4 6 6.6 7.2

海拔高度数据为：

z = 87 90 95 86 88 84 80 81 85 82 84

87 86 83 81 92 89 88 91 93 94 94

92 91 86 84 88 92 82 85 89 94 96

96 88 85 82 83 96 82 85 87 98 99

95 93 90 87 82 91 89 90 87 85 91

91 92 89 86 86 96 80 81 82 89 94

85 86 81 98 99 98 97 96 95 84 88

91 96 98 99 95 91 89 86 84 82 85

88 88 89 98 99 97 96 98 94 92 86

84 85 81 82 80 80 81 85 90 93 94

81 82 81 84 85 86 83 82 81 80 84

91 96 97 98 96 93 95 84 82 81 85

95 98 95 92 90 88 85 84 83 81 86

对数据插值加密形成地貌图。

程序如下：

```
x=0:.6:6;
y=0:.6:7.2;
z=[87 90 95 86 88 84 80 81 85 82 84
87 86 83 81 92 89 88 91 93 94 94
92 91 86 84 88 92 82 85 89 94 96
96 88 85 82 83 96 82 85 87 98 99
95 93 90 87 82 91 89 90 87 85 91
91 92 89 86 86 96 80 81 82 89 94
85 86 81 98 99 98 97 96 95 84 88
91 96 98 99 95 91 89 86 84 82 85
88 88 89 98 99 97 96 98 94 92 86
84 85 81 82 80 80 81 85 90 93 94
81 82 81 84 85 86 83 82 81 80 84
91 96 97 98 96 93 95 84 82 81 85
95 98 95 92 90 88 85 84 83 81 86];
mesh(x,y,z)                                  % 绘原始数据图
xi=linspace(0,6,50);                         % 加密横坐标数据到50个
yi=linspace(0,7.2,80);                       % 加密纵坐标数据到80个
[xii,yii]=meshgrid(xi,yi);                   % 生成网格数据
zii=interp2(x,y,z,xii,yii,'cubic');          % 插值
mesh(xii,yii,zii)                            % 加密后的地貌图
hold on                                      % 保持图形
[xx,yy]=meshgrid(x,y);                       % 生成网格数据
plot3(xx,yy,z+0.1,'ob')                      % 原始数据用'o'绘出
```

运行效果及得到结果（图 4.8）如下：

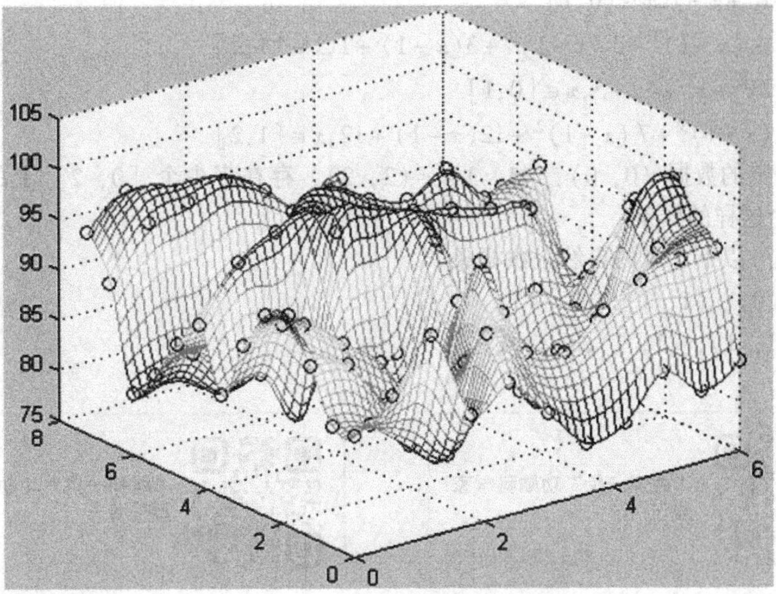

图 4.8 地貌图

习 题

1. 已知 $x=0$，1，2，4 时对应的函数值分别为 $f(x)=1$，9，23，3，试建立拉格朗日插值多项式。

2. 已知 $f(x)=\sqrt{x}$，$x=100$，121，144 时对应的函数值分别为 $f(x)=10$，11，12，试用拉格朗日插值多项式求 $f(115)$ 的近似值。

3. 已知 $x=0$，0.5，1，1.5，2，2.5 对应的函数值分别为 $f(x)=-1$，-0.75，0，1.25，3，5.25，试确定拉格朗日插值多项式。

4. 用均差插值，求过（0，1），（2，3），（3，2），（5，5）四点的插值多项式。

5. 求过（0，1），（2，3），（3，2），（5，5），（6，6）五点的 Newton 插值多项式。

6. 假设对函数 $f(x)$ 在步长为 h 的等距节点上造函数表，且 $|f''(x)|\leqslant M$。证明：在表中任意相邻两点间作线性插值时误差不超过 $\frac{1}{8}Mh^2$，若取 $f(x)=\sin x$，问 h 应取多大才能保证线性插值的误差不大于 $\frac{1}{2}\times10^{-6}$。

7. 求 $f(x)=e^x$ 与在点 -1，-0.5，0，0.5，1 处插值的多项式，及在 $x=0.75$ 处的误差上界。

8. 对于区间 $\left[0,\ \frac{\pi}{2}\right]$ 上的插值，求 4 个切比雪夫基点，并且求 $f(x)=\sin x$ 在该区间上切比雪夫插值误差的上界。

9. 当用三次切比雪夫插值多项式近似 $f(x)=\sin x$ 时，求在［0，2］上误差的上界。

10. 确定以下方程是否构成三次样条；

$$S(x)=\begin{cases}x^3+x-1, x\in[0,1]\\-(x-1)^3+3(x-1)^2+3(x-1)+1, x\in[1,2]\end{cases}$$

$$S(x)=\begin{cases}2x^3+x^2+4x+5, x\in[0,1]\\(x-1)^3+7(x-1)^2+12(x-1)+12, x\in[1,2]\end{cases}$$

11. 对给定的数据（0，0），（1，1），（2，2），存在多少个［0，2］上的自然三次样条？描述一个这样的样条。

12. 求经过以下 3 点的自然三次样条。

(1)（0，0），（1，1），（2，4）；

(2)（−1，1），（1，1），（2，4）。

“两弹一星”功勋科学家：屠守锷

“两弹一星”功勋科学家：雷震海天

第 5 章　最小二乘法

全球定位系统（GPS）由携带原子钟的 24 颗卫星组成，它们沿地球高度为 20200km 的轨道运行 6 个平面的每一平面中有 4 颗卫星，平面相对于地极倾斜 55°，每天作两次公转。在任何时间，从地球上任何点，都可以直接看到 5 到 8 颗卫星。每颗卫星有简单的任务：仔细地从空间中预先确定的位置传送同步信号，它们被地球上的 GPS 接收器所收集，接收器利用这些信息进行数学处理（稍后会阐述），确定接收器的精确坐标（x，y，z）。

在给定的瞬时，接收器从第 i 个卫星收集到同步信号并且确定它的传递时间 t_i，即发送信号与收到信号的时间差。信号的标准速度是光速 $c \approx 299792.458\text{km/s}$。用其乘传递时间给出接收器到卫星的距离。把接收器放在以卫星的位置为中心、半径为 ct_i 的球的表面，如果 3 颗卫星都可用，那么我们知道 3 个球面，它们的交点由两个点组成，如图 5.1 所示。一个交点是接收器的位置，另一个一般远离地球表面，因此可以放心地忽略不计。在理论上，该问题化为计算这一交点，即 3 个球面方程的公共解。

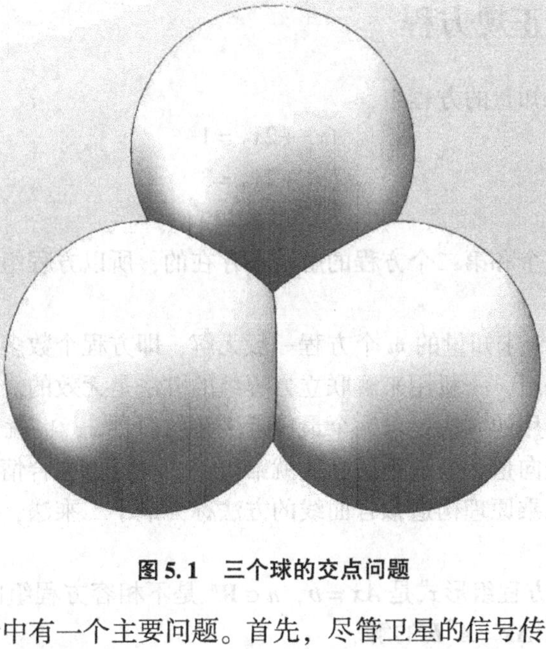

图 5.1　三个球的交点问题

然而，前面的分析中有一个主要问题。首先，尽管卫星的信号传递时间通过它上面的原子钟进行的计时，几乎精确到纳秒（10^{-9}s），但是地球上一般低成本的钟，相对而言精确度较差。如果我们求解方程时使用不精确的时间测定，那么计算得到的位置可能有几千米的误差。幸运的是，有一种方法可以解决这个问题，但需要使用一颗额外的卫星。定义 d 是（现在是 4 颗）卫星上的钟与地球上接收器的钟的同步时间的差。用（A_i，B_i，C_i）表示卫星 i 的位置。那么真正的交点（x，y，z）满足

$$\begin{cases}(x-A_1)^2+(y-B_1)^2+(z-C_1)^2=[c(t_1-d)]^2\\(x-A_2)^2+(y-B_2)^2+(z-C_2)^2=[c(t_2-d)]^2\\(x-A_3)^2+(y-B_3)^2+(z-C_3)^2=[c(t_3-d)]^2\\(x-A_4)^2+(y-B_4)^2+(z-C_4)^2=[c(t_4-d)]^2\end{cases}$$

求解未知量 x，y，z，d 即可。求解方程组不仅可以得出接收器的位置，而且由于 d，也可以得出卫星上钟的正确时间。因此，通过使用一颗额外的卫星，就能解决 GPS 接收器的钟的不精确性的问题。

在第 4 章我们讨论了插值多项式，是用多项式近似地表示函数，且要求它们在某些节点处的值重合，即 $p_n(x_i)=f(x_i)(i=0,1,2,\cdots,n)$。但是，大量实际问题中已知节点上的函数值只不过是一些实验数据，由于实验数据本身就有误差，所以要求在每个节点上都与实验数据相符并不合理。例如，对于 $s=vt$ 这个简单的公式，当速度一定时，距离与时间成正比，但是，实验数据并不恰好在一条直线上，可能有偏差，用大于一次的插值多项式来代替它，反而不合适。而且，为了使所找到的函数更准确，常常采用多测试一些点的办法，如果用牛顿或拉格朗日插值公式，会产生多节点低次数的矛盾。我们希望用低次的多项式来逼近所要求的函数，且实验数据又可以任取多个。这样，就无法要求 $p_n(x_i)=f(x_i)$ 精确成立，而仅要求多项式尽可能接近给定的数据，这种逼近的过程，也称为“拟合”。

5.1 最小二乘和正规方程

对于下面含两个未知量的方程组，

$$\begin{cases}x_1+2x_2=1\\x_1+2x_2=3\\x_1+\ x_2=2\end{cases}$$

因为同时满足第一个和第二个方程的解是不存在的，所以方程组无解。一个无解的方程组称为不相容。

当 $m>n$ 时，含 n 个未知量的 m 个方程一般无解，即方程个数多于未知数个数，一般来说，这是一个矛盾方程组，一般用来解联立方程组的方法是无效的。

在这种情形下可采用的方法是求一个最接近于解的向量 $\boldsymbol{x}$，也就是允许每个等式可以稍有误差，我们希望偏差向量达到最小值，这就给出了一种标志拟合情况好坏的准则，称为最小二乘原理。用最小二乘原理构造拟合曲线的方法称为最小二乘法，我们把这种特别的 $\boldsymbol{x}$ 称为最小二乘解。

定理 5.1 不相容方程组形式是 $\boldsymbol{Ax}=\boldsymbol{b}$，$n\in\mathbf{R}^n$ 是不相容方程组的最小二乘解的充分必要条件为 n 是方程组 $\boldsymbol{A}^{\mathrm{T}}\boldsymbol{Ax}=\boldsymbol{A}^{\mathrm{T}}\boldsymbol{b}$ 的解。

例 5.1 求方程组

$$\begin{cases}x_1-2x_2+x_3=-4\\\qquad x_2-x_3=3\\2x_1-4x_2+3x_3=1\\4x_1-7x_2+4x_3=-6\end{cases}$$

的最小二乘解。

解： 此方程组的系数矩阵记作 $\boldsymbol{A}$，右端项向量记作 $\boldsymbol{b}$，计算得

$$\operatorname{rank}\boldsymbol{A}=3,\ \operatorname{rank}[\boldsymbol{A},\boldsymbol{b}]=4$$

这个方程组没有通常意义的解，有唯一的最小二乘解。

$$\boldsymbol{A}^{\mathrm{T}}\boldsymbol{A}=\begin{bmatrix}21 & -38 & 23\\ -38 & 70 & -43\\ 23 & -43 & 27\end{bmatrix},\ \boldsymbol{A}^{\mathrm{T}}\boldsymbol{b}=\begin{bmatrix}-26\\ 49\\ -28\end{bmatrix}$$

正规方程 $\boldsymbol{A}^{\mathrm{T}}\boldsymbol{A}\boldsymbol{x}=\boldsymbol{A}^{\mathrm{T}}\boldsymbol{b}$ 是

$$\begin{cases}21x_1-38x_2+23x_3=-26\\ -38x_1+70x_2-43x_3=49\\ 23x_1-43x_2+27x_3=-28\end{cases}$$

解得

$$x_1=\frac{75}{7},\ x_2=\frac{88}{7},\ x_3=\frac{69}{7}$$

它就是所要求的最小二乘解。

最小二乘解 $\bar{\boldsymbol{x}}$ 的残差：

$$\boldsymbol{r}=\boldsymbol{b}-\boldsymbol{A}\bar{\boldsymbol{x}} \tag{5.1}$$

为了估计我们在数据拟合上的结果，计算最小二乘解 $\bar{\boldsymbol{x}}$ 的残差如下

$$\boldsymbol{r}=\boldsymbol{b}-\boldsymbol{A}\bar{\boldsymbol{x}}=\begin{bmatrix}-4\\ 3\\ 1\\ -6\end{bmatrix}-\begin{bmatrix}\frac{-52}{7}\\ \frac{19}{7}\\ \frac{5}{7}\\ \frac{-40}{7}\end{bmatrix}=\begin{bmatrix}\frac{24}{7}\\ \frac{2}{7}\\ \frac{2}{7}\\ \frac{-2}{7}\end{bmatrix}$$

残差向量的欧氏长度就是 $\bar{\boldsymbol{x}}$ 离精确解 $\boldsymbol{x}$ 多远的一种度量。

向量的欧氏长度

$$\|\boldsymbol{r}\|_2=\sqrt{r_1^2+r_2^2+\cdots+r_m^2} \tag{5.2}$$

它是一种范数，称为**2－范数**。

平方误差

$$\mathrm{SE}=r_1^2+r_2^2+\cdots+r_m^2 \tag{5.3}$$

以及**均方根误差**

$$\mathrm{RMSE}=\sqrt{\frac{\mathrm{SE}}{m}}=\sqrt{\frac{r_1^2+r_2^2+\cdots+r_m^2}{m}} \tag{5.4}$$

也就是平方误差的平均值的平方根，也用来测量最小二乘解的误差。

对于例 5.1，$\mathrm{SE}=r_1^2+r_2^2+\cdots+r_m^2=\left(\frac{24}{7}\right)^2+\left(\frac{2}{7}\right)^2+\left(\frac{2}{7}\right)^2+\left(\frac{-2}{7}\right)^2=12$，误差的 2－范数是

$$\|\boldsymbol{r}\|_2=\sqrt{r_1^2+r_2^2+\cdots+r_m^2}=\sqrt{\left(\frac{24}{7}\right)^2+\left(\frac{2}{7}\right)^2+\left(\frac{2}{7}\right)^2+\left(\frac{-2}{7}\right)^2}=2\sqrt{3}$$

例 5.2 用正规方程求下式最小二乘解以及 2-范数的误差。

$$\begin{bmatrix}1 & 1\\2 & 1\\3 & 1\end{bmatrix}\begin{bmatrix}\boldsymbol{X}_1\\\boldsymbol{X}_2\end{bmatrix}=\begin{bmatrix}1\\2\\0\end{bmatrix}$$

解：

$$\boldsymbol{A}=\begin{bmatrix}1 & 1\\2 & 1\\3 & 1\end{bmatrix}\quad \boldsymbol{b}=\begin{bmatrix}1\\2\\0\end{bmatrix}$$

正规方程组成部分

$$\boldsymbol{A}^{\mathrm{T}}\boldsymbol{A}=\begin{bmatrix}1 & 2 & 3\\1 & 1 & 1\end{bmatrix}\begin{bmatrix}1 & 1\\2 & 1\\3 & 1\end{bmatrix}=\begin{bmatrix}14 & 6\\6 & 3\end{bmatrix}$$

$$\boldsymbol{A}^{\mathrm{T}}\boldsymbol{b}=\begin{bmatrix}1 & 2 & 3\\1 & 1 & 1\end{bmatrix}\begin{bmatrix}1\\2\\0\end{bmatrix}=\begin{bmatrix}5\\3\end{bmatrix}$$

正规方程

$$\begin{bmatrix}14 & 6\\6 & 3\end{bmatrix}\begin{bmatrix}\boldsymbol{X}_1\\\boldsymbol{X}_2\end{bmatrix}=\begin{bmatrix}5\\3\end{bmatrix}$$

$$\begin{bmatrix}14 & 6 & 5\\6 & 3 & 3\end{bmatrix}\rightarrow\begin{bmatrix}14 & 6 & 5\\0 & \frac{3}{7} & \frac{6}{7}\end{bmatrix}$$

解得 $\overline{\boldsymbol{X}}=(\overline{\boldsymbol{X}_1},\ \overline{\boldsymbol{X}_2})=\left(-\frac{1}{2},\ 2\right)$

把最小二乘解代入原问题得到

$$\begin{bmatrix}1 & 1\\2 & 1\\3 & 1\end{bmatrix}\begin{bmatrix}-\frac{1}{2}\\2\end{bmatrix}=\begin{bmatrix}\frac{3}{2}\\1\\\frac{1}{2}\end{bmatrix}\neq\begin{bmatrix}1\\2\\0\end{bmatrix}$$

最小二乘解 $\overline{\boldsymbol{X}}$ 的残差

$$\boldsymbol{r}=\boldsymbol{b}-\boldsymbol{A}\overline{\boldsymbol{X}}=\begin{bmatrix}1\\2\\0\end{bmatrix}-\begin{bmatrix}\frac{3}{2}\\1\\\frac{1}{2}\end{bmatrix}=\begin{bmatrix}-\frac{1}{2}\\1\\-\frac{1}{2}\end{bmatrix}$$

2-范数误差 $\|\boldsymbol{e}\|_2=\sqrt{\left(-\frac{1}{2}\right)^2+1+\left(-\frac{1}{2}\right)^2}=\frac{\sqrt{6}}{2}$

5.1.1 数据拟合模型

假设给定一些数据点，比如一类直线 $y=a+bt$，寻找在 2-范数意义下最佳拟合这些数据点的这种模型的特定实例。通过模型在数据点的平方误差来测量拟合的残差，以及寻求使残差最小化的模型参数。

求解程序：

首先，给定一组 m 个数据点 $(t_1, y_1), \cdots, (t_m, y_m)$，然后选取模型，例如 $y = a + bt$ 或者 $y = a + bt + ct^2$，把数据点代入模型，可以得到包含未知量的方程，产生方程组 $\boldsymbol{Ax} = \boldsymbol{b}$，$\boldsymbol{x}$ 是未知参数。最后，求解正规方程，参数的最小二乘解就是正规方程组 $\boldsymbol{A}^{\mathrm{T}}\boldsymbol{Ax} = \boldsymbol{A}^{\mathrm{T}}\boldsymbol{b}$ 的解。

例 5.3　求经过下面数据点的最佳直线，并求出 $(-3, 3)$，$(-1, 2)$，$(0, 1)$，$(1, -1)$，$(3, -4)$ 的 RMSE。

解：模型是 $y = a + bt$，目标是求最佳的 a 及 b，把数据点代入模型得到：

$$\begin{aligned} a + b(-3) &= 3 \\ a + b(-1) &= 2 \\ a + b(0) &= 1 \\ a + b(1) &= -1 \\ a + b(3) &= -4 \end{aligned}$$

$$\text{矩阵形式}\begin{bmatrix} 1 & -3 \\ 1 & -1 \\ 1 & 0 \\ 1 & 1 \\ 1 & 3 \end{bmatrix}\begin{bmatrix} a \\ b \end{bmatrix} = \begin{bmatrix} 3 \\ 2 \\ 1 \\ -1 \\ -4 \end{bmatrix}$$

$$\text{正规方程}\begin{bmatrix} 5 & 0 \\ 0 & 20 \end{bmatrix}\begin{bmatrix} a \\ b \end{bmatrix} = \begin{bmatrix} 1 \\ -24 \end{bmatrix}$$

解得 $a = \dfrac{1}{5}$，$b = -\dfrac{6}{5}$；得到最佳直线 $y = \dfrac{1}{5} - \dfrac{6}{5}t$。残差见表 5.1。

表 5.1　残差

t	y	直　线	误　差
-3	3	$\frac{19}{5}$	$-\frac{4}{5}$
-1	2	$\frac{7}{5}$	$\frac{3}{5}$
0	1	$\frac{1}{5}$	$\frac{4}{5}$
1	-1	-1	0
3	-4	$-\frac{17}{5}$	$-\frac{3}{5}$

$$\mathrm{RMSE} = \frac{1}{\sqrt{5}}\sqrt{\left(-\frac{4}{5}\right)^2 + \left(\frac{3}{5}\right)^2 + \left(\frac{4}{5}\right)^2 + \left(-\frac{3}{5}\right)^2} = \sqrt{\frac{2}{5}} \approx 0.6325$$

例 5.4 求经过数据点（0，5），（1，3），（2，3），（3，1）的最佳抛物线，并求出 RMSE。

解：设

$$y = a + bt + ct^2$$

$$a + b(0) + c\,(0)^2 = 5$$

$$a + b(1) + c\,(1)^2 = 3$$

$$a + b(2) + c\,(2)^2 = 3$$

$$a + b(3) + c\,(3)^2 = 1$$

矩阵形式

$$\begin{bmatrix} 1 & 0 & 0 \\ 1 & 1 & 1 \\ 1 & 2 & 4 \\ 1 & 3 & 9 \end{bmatrix} \begin{bmatrix} a \\ b \\ c \end{bmatrix} = \begin{bmatrix} 5 \\ 3 \\ 3 \\ 1 \end{bmatrix}$$

正规方程

$$\begin{bmatrix} 4 & 6 & 14 \\ 6 & 14 & 36 \\ 14 & 36 & 98 \end{bmatrix} \begin{bmatrix} a \\ b \\ c \end{bmatrix} = \begin{bmatrix} 12 \\ 12 \\ 24 \end{bmatrix}$$

得 $a = 4.8$，$b = -1.2$，$c = 0$，最佳抛物线 $y = 4.8 - 1.2t$。残差见表 5.2。

表 5.2 残差

t	y	抛 物 线	误 差
0	5	4.8	0.2
1	3	3.6	−0.6
2	3	2.4	0.6
3	1	1.2	−0.2

$$\text{RMSE} = \frac{1}{\sqrt{4}}\sqrt{(0.2)^2 + (-0.6)^2 + (0.6)^2 + (-0.2)^2} = 0.4472$$

例 5.5 求经过数据点（0，0），（1，3），（2，3），（5，6）的最佳直线和最佳抛物线，并求出 RMSE。

解：最佳直线模型是 $y = a + bt$，目标是求最佳的 a 及 b，把数据点带入模型得到：

$$a + b(0) = 0;$$

$$a + b(1) = 3;$$

$$a + b(2) = 3;$$

$$a + b(5) = 6;$$

$$\text{矩阵形式}\begin{bmatrix}1 & 0\\1 & 1\\1 & 2\\1 & 5\end{bmatrix}\begin{bmatrix}a\\b\end{bmatrix}=\begin{bmatrix}0\\3\\3\\6\end{bmatrix}$$

$$\text{正规方程}\begin{bmatrix}4 & 8\\8 & 30\end{bmatrix}\begin{bmatrix}a\\b\end{bmatrix}=\begin{bmatrix}12\\39\end{bmatrix}$$

解得 $a=\frac{6}{7}$，$b=\frac{15}{14}$，得到最佳直线 $y=\frac{6}{7}+\frac{15}{14}t$。残差见表 5.3。

表 5.3　残差

t	y	直　线	误　差
0	0	$\frac{6}{7}$	$-\frac{6}{7}$
1	3	$\frac{27}{14}$	$\frac{15}{14}$
2	3	3	0
5	6	$\frac{87}{14}$	$-\frac{3}{14}$

$$\mathrm{RMSE}=\frac{1}{\sqrt{4}}\sqrt{\left(-\frac{6}{7}\right)^2+\left(\frac{15}{14}\right)^2+\left(-\frac{3}{14}\right)^2}=\sqrt{\frac{27}{56}}\approx 0.6944\text{。}$$

设最佳抛物线模型是 $y=a+bt+ct^2$

$$a+b(0)+c\,(0)^2=0$$
$$a+b(1)+c\,(1)^2=3$$
$$a+b(2)+c\,(2)^2=3$$
$$a+b(5)+c\,(5)^2=6$$

矩阵形式

$$\begin{bmatrix}1 & 0 & 0\\1 & 1 & 1\\1 & 2 & 4\\1 & 5 & 25\end{bmatrix}\begin{bmatrix}a\\b\\c\end{bmatrix}=\begin{bmatrix}0\\3\\3\\6\end{bmatrix}$$

正规方程

$$\begin{bmatrix}4 & 8 & 30\\8 & 30 & 34\\30 & 134 & 642\end{bmatrix}\begin{bmatrix}a\\b\\c\end{bmatrix}=\begin{bmatrix}12\\39\\165\end{bmatrix}$$

得 $a=0.3481$，$b=1.9475$，$c=-0.1659$，最佳抛物线 $y=0.3481+1.9475t-0.1659t^2$。残差见表 5.4。

表 5.4 残差

t	y	抛物线	误差
0	0	0.3481	-0.3481
1	3	2.1297	0.8703
2	3	3.5795	-0.5735
5	6	5.9381	-0.0619

$$\text{RMSE}=\frac{1}{\sqrt{4}}\sqrt{(-0.3481)^2+(0.8703)^2+(-0.5735)^2+(-0.0619)^2}=0.5519$$

5.1.2 数据线性化

前面的线性模型和多项式模型说明了最小二乘拟合数据的用处。数据建模的方式包括各种各样的模型，某些来自作为数据源基础的物理原理，而其他的则以经验因素为基础。

指数型模型

$$y=c_1\mathrm{e}^{c_2t} \tag{5.5}$$

由于 c_2 不是线性地出现在模型方程中，所以它不能直接通过最小二乘法进行拟合。当把数据点代入模型，困难就明显了：要求解系数的方程组不是线性的，而且不能表示为线性方程组 $\boldsymbol{Ax}=\boldsymbol{b}$ 的形式，因此我们对正规方程的推导是不切合的。

有两种方法可以去处理非线性系数的问题，直接极小化最小二乘误差是比较难的方法，即解非线性最小二乘问题，比较简单的方法是改变这个问题。我们可以解一个不同的问题，它通过“线性化”模型而与原问题相关，而不是解原来的最小二乘问题。

在指数型模型式(5.5) 这种情形下，通过应用以下的自然算法把模型线性化：

$$\ln y=\ln(c_1\mathrm{e}^{c_2t})=\ln c_1+c_2t \tag{5.6}$$

对于指数型模型，$\ln y$ 的图形是线性的。初看起来似乎我们仅是把一个问题换成另一个。现在系数 c_2 在模型中是线性的，但是 c_1 还不是。然而，通过重新命名 $k=\ln c_1$，我们就可以写成

$$\ln y=k+c_2t \tag{5.7}$$

现在两个系数 k 及 c_2 在模型中都是线性的。对最佳的 k 及 c_2 求解正规方程之后，如果愿意，我们就能够求得相应的 $c_1=\mathrm{e}^k$。

应该注意我们摆脱非线性系数这个困难的方法是改变问题的角度。我们提出的原来的最小二乘问题是对式(5.5) 拟合数据，也就是求使得方程 $c_1\mathrm{e}^{c_2t_i}=y_i(i=1,2,\cdots,n)$ 的残差的平方和

$$(c_1\mathrm{e}^{c_2t_1}-y_1)^2+\cdots+(c_1\mathrm{e}^{c_2t_n}-y_n)^2 \tag{5.8}$$

极小化的 c_1，c_2，而现在，我们求解的问题是在“对数空间”极小化最小二乘误差，也就是通过求使得方程 $\ln c_1+c_2t_i=\ln y_i(i=1,2,\cdots,n)$ 的残差平方和

$$(\ln c_1+c_2t_1-\ln y_1)^2+\cdots+(\ln c_1+c_2t_n-\ln y_n)^2 \tag{5.9}$$

极小化的 c_1，c_2，这是两种不同的极小化，并有不同的解，这意味着它们一般情况下会得到系数 c_1，c_2 的不同的值。

对这个问题哪种方法正确，是非线性最小二乘问题，还是模型线性化的形式。前者是我

们已定义的最小二乘，后者并不是。然而，依据数据的前后关系，两者中任一个都可以是更自然地选取。要回答这个问题，使用者需要确定哪一种误差对极小化最重要，是原来意义下的误差还是在“对数空间”下的误差。事实上，对数模型是线性的，因此可以说只有通过对数变换把数据变成线性关系之后评估模型的拟合才会比较自然。

例 5.6 测得不同年份，世界汽车供应量的数据见表 5.5，采用模型线性化对表中的数据求最佳最小二乘指数型拟合 $y=c_1e^{c_2t}$。

表 5.5 随时间变化世界汽车供应量

年	1950	1955	1960	1965	1970	1975	1980
辆($\times10^6$)	53.05	73.04	98.31	139.78	193.48	260.20	320.39

解： 通过使用模型线性化公式 $\ln y=\ln(c_1e^{c_2t})=\ln c_1+c_2t$，参数将被拟合。对模型线性化给出

$$\ln y=k+c_2t$$

$$k=\ln c_1,\ c_1=e^k$$

数据描述了全世界在给定年份汽车经营的数量。从 1950 年开始按年定义时间变量 t，令 $t=0$ 对应于 1950 年。

$$\begin{aligned}
k+c_2(0)&=\ln 53.05\\
k+c_2(5)&=\ln 73.04\\
k+c_2(10)&=\ln 98.31\\
k+c_2(15)&=\ln 139.78\\
k+c_2(20)&=\ln 193.48\\
k+c_2(25)&=\ln 260.20\\
k+c_2(30)&=\ln 320.39
\end{aligned}$$

如此等等，矩阵方程是 $\boldsymbol{Ax}=\boldsymbol{b}$，其中 $\boldsymbol{x}=(k,\ c_2)$，

$$\boldsymbol{A}=\begin{bmatrix}1&0\\1&5\\1&10\\1&15\\1&20\\1&25\\1&30\end{bmatrix},\ \boldsymbol{b}=\begin{bmatrix}\ln 53.05\\\ln 73.04\\\ln 98.31\\\ln 139.78\\\ln 193.48\\\ln 260.20\\\ln 320.39\end{bmatrix}$$

正规方程 $\boldsymbol{A}^T\boldsymbol{Ax}=\boldsymbol{A}^T\boldsymbol{b}$ 是

$$\boldsymbol{A}^T\boldsymbol{A}\begin{bmatrix}k\\c_2\end{bmatrix}=\boldsymbol{A}^T\boldsymbol{b}$$

解线性最小二乘问题得到 $k\approx3.9896$，$c_2\approx0.06152$，因为 $c_1\approx e^{3.9896}\approx54.03$，所以模型为 $y=54.03e^{0.06152t}$。

5.2 QR分解

QR分解是一种求解最小二乘问题的方法，它优于正规方程。下面通过 Gram - Schmidt 正交化方法引入 QR 分解。

5.2.1 Gram - Schmidt 正交化和最小二乘

Gram - Schmidt 方法把一组向量正交化。输入一组 n 维向量，求出表示由该组数据所张成的子空间的正交坐标系。设 v_1，…，v_k 是 $\mathbf{R}^n$ 中线性无关的向量。

定义：

$$\boldsymbol{y}_1 = \boldsymbol{q}_1 = \frac{\boldsymbol{v}_1}{\|\boldsymbol{v}_1\|_2} \tag{5.10}$$

式(5.10)中，$\boldsymbol{v}_1 = r_{11}\boldsymbol{q}_1$，$r_{11} = \|\boldsymbol{v}_1\|_2$，$\boldsymbol{q}_1$ 是 $\boldsymbol{v}_1$ 方向的单位向量。为了求第二个单位向量，定义：

$$\boldsymbol{y}_2 = \boldsymbol{v}_2 - \boldsymbol{q}_1(\boldsymbol{q}_1^{\mathrm{T}}\boldsymbol{v}_2) \tag{5.11}$$

$$\boldsymbol{q}_2 = \frac{\boldsymbol{y}_2}{\|\boldsymbol{y}_2\|_2}$$

式(5.11)中，$\boldsymbol{v}_2 = \boldsymbol{y}_2 + \boldsymbol{q}_1(\boldsymbol{q}_1^{\mathrm{T}}\boldsymbol{v}_2) = r_{22}\boldsymbol{q}_2 + r_{12}\boldsymbol{q}_1$，这里 $r_{22} = \|\boldsymbol{y}_2\|_2$，$r_{12} = \boldsymbol{q}_1^{\mathrm{T}}\boldsymbol{v}_2$。

一般来说，我们定义：

$$\boldsymbol{y}_i = \boldsymbol{v}_i - \boldsymbol{q}_1(\boldsymbol{q}_1^{\mathrm{T}}\boldsymbol{v}_i) - \boldsymbol{q}_2(\boldsymbol{q}_2^{\mathrm{T}}\boldsymbol{v}_i) - \cdots - \boldsymbol{q}_{i-1}(\boldsymbol{q}_{i-1}^{\mathrm{T}}\boldsymbol{v}_i)$$

$$\boldsymbol{q}_i = \frac{\boldsymbol{y}_i}{\|\boldsymbol{y}_i\|_2}$$

即：$\boldsymbol{v}_i = r_{ii}\boldsymbol{q}_i + r_{1i}\boldsymbol{q}_1 + \cdots + r_{i-1i}\boldsymbol{q}_{i-1}$

其中

$$r_{ii} = \|\boldsymbol{y}_i\|_2,\ r_{ji} = \boldsymbol{q}_j^{\mathrm{T}}\boldsymbol{v}_i \quad (j = 1,\cdots,i)$$

显然，每一个 $\boldsymbol{q}_i$ 正交于前面构造的正交的 $\boldsymbol{q}_j$（$j=1$，…，$i-1$），我们可以得到：

$$\boldsymbol{q}_j^{\mathrm{T}}\boldsymbol{y}_i = \boldsymbol{q}_j^{\mathrm{T}}\boldsymbol{v}_i - \boldsymbol{q}_j^{\mathrm{T}}\boldsymbol{q}_1\boldsymbol{q}_1^{\mathrm{T}}\boldsymbol{v}_i - \cdots - \boldsymbol{q}_j^{\mathrm{T}}\boldsymbol{q}_{i-1}\boldsymbol{q}_{i-1}^{\mathrm{T}}\boldsymbol{v}_i = 0$$

例 5.7 对 $\boldsymbol{A}\begin{bmatrix} 1 & 1 \\ 2 & -1 \\ 2 & 5 \end{bmatrix}$ 的列应用 Gram - Schmidt 正交化。

解：设 $\boldsymbol{y}_1 = \boldsymbol{v}_1 = \begin{bmatrix} 1 \\ 2 \\ 2 \end{bmatrix}$，于是 $r_{11} = \|\boldsymbol{y}_1\|_2 = \sqrt{1^2 + 2^2 + 2^2} = 3$。

第一个单位向量是

$$q_1=\frac{v_1}{\|v_1\|_2}=\begin{bmatrix}\frac{1}{3}\\ \frac{2}{3}\\ \frac{2}{3}\end{bmatrix}$$

第二个单位向量

$$y_2=v_2-q_1(q_1^{\mathrm{T}}v_2)=\begin{bmatrix}1\\-1\\5\end{bmatrix}-\begin{bmatrix}1\\2\\2\end{bmatrix}=\begin{bmatrix}0\\-3\\3\end{bmatrix}$$

$$q_2=\frac{y_2}{\|y_2\|_2}=\frac{1}{3\sqrt{2}}\begin{bmatrix}0\\-3\\3\end{bmatrix}=\begin{bmatrix}0\\-\frac{1}{\sqrt{2}}\\ \frac{1}{\sqrt{2}}\end{bmatrix}$$

Gram - Schmidt 正交化的结果可以写成下列矩阵形式：
其中，$r_{ii}=\|y_i\|_2$，$r_{ji}=q_j^{\mathrm{T}}v_i$ $(j=1, \cdots, i)$

$$(v_1|\cdots|v_k)=(q_1|\cdots|q_k)\begin{bmatrix}r_{11} & r_{12} & \cdots & r_{1k}\\ & r_{22} & \cdots & r_{2k}\\ & & \ddots & \vdots\\ & & & r_{kk}\end{bmatrix}$$

原来的向量可以表示为

$$(v_1|\cdots|v_k)=(q_1|\cdots|q_n)\begin{bmatrix}r_{11} & r_{12} & \cdots & r_{1k}\\ & r_{22} & \cdots & r_{2k}\\ . & . & & \vdots\\ . & . & \ddots & \\ . & . & & r_{kk}\\ 0 & . & . & 0\\ 0 & . & . & 0\end{bmatrix} \tag{5.12}$$

这个矩阵方程式(5.12) 就是由原来输入向量形成的矩阵 $A=(v_1|\cdots|v_k)$ 的 QR 分解。A 是 $n\times k$，Q 是 $n\times n$，上三角矩阵 R 是 $n\times k$，规格与 A 相同。

例 5.8 求 $A=\begin{bmatrix}1 & 1\\ 2 & -1\\ 2 & 5\end{bmatrix}$的 QR 分解。

解：在上面的例题中，我们已经求出正交单位向量

$$q_1 = \begin{bmatrix} \frac{1}{3} \\ \frac{2}{3} \\ \frac{2}{3} \end{bmatrix}, q_2 = \begin{bmatrix} 0 \\ -\frac{1}{\sqrt{2}} \\ \frac{1}{\sqrt{2}} \end{bmatrix}$$

第三个单位向量 $\boldsymbol{v}_3 = \begin{bmatrix} 1 \\ 0 \\ 0 \end{bmatrix}$

我们由下式可以得到

$$\boldsymbol{y}_3 = \boldsymbol{v}_3 - \boldsymbol{q}_1(\boldsymbol{q}_1^{\mathrm{T}}\boldsymbol{v}_3) - \boldsymbol{q}_2(\boldsymbol{q}_2^{\mathrm{T}}\boldsymbol{v}_3) = \begin{bmatrix} 1 \\ 0 \\ 0 \end{bmatrix} - \frac{1}{3} \times \begin{bmatrix} \frac{1}{3} \\ \frac{2}{3} \\ \frac{2}{3} \end{bmatrix} - 0 \times \begin{bmatrix} 0 \\ -\frac{1}{\sqrt{2}} \\ \frac{1}{\sqrt{2}} \end{bmatrix} = \begin{bmatrix} \frac{8}{9} \\ -\frac{2}{9} \\ -\frac{2}{9} \end{bmatrix}$$

$$\boldsymbol{q}_3 = \frac{\boldsymbol{y}_3}{\|\boldsymbol{y}_3\|_2} = \begin{bmatrix} \frac{2\sqrt{2}}{3} \\ \frac{-1}{3\sqrt{2}} \\ \frac{-1}{3\sqrt{2}} \end{bmatrix}$$

我们把上述得到的各部分放在一起，就可以得到 QR 分解

$$\begin{bmatrix} 1 & 1 \\ 2 & -1 \\ 2 & 5 \end{bmatrix} = \mathrm{QR} = \begin{bmatrix} \frac{1}{3} & 0 & \frac{2\sqrt{2}}{3} \\ \frac{2}{3} & -\frac{\sqrt{2}}{2} & \frac{-1}{3\sqrt{2}} \\ \frac{2}{3} & \frac{\sqrt{2}}{2} & \frac{-1}{3\sqrt{2}} \end{bmatrix} \begin{bmatrix} 3 & 3 \\ 0 & 3\sqrt{2} \\ 0 & 0 \end{bmatrix}$$

5.2.2 用 QR 分解求最小二乘问题

给定 $m \times n$ 不相容方程组，下面用例子来说明如何求解。

例 5.9 用 QR 分解求最小二乘问题

$$\begin{bmatrix} 1 & 1 \\ 2 & -1 \\ 2 & 5 \end{bmatrix} \begin{bmatrix} x_1 \\ x_2 \end{bmatrix} = \begin{bmatrix} -5 \\ -1 \\ 1 \end{bmatrix}$$

解：需要解 $\boldsymbol{Rx} = \boldsymbol{Q}^{\mathrm{T}}\boldsymbol{b}$，或者

$$\begin{bmatrix}3&3\\0&3\sqrt{2}\\0&0\end{bmatrix}\begin{bmatrix}x_1\\x_2\end{bmatrix}=\begin{bmatrix}\frac{1}{3}&\frac{2}{3}&\frac{2}{3}\\0&-\frac{\sqrt{2}}{2}&\frac{\sqrt{2}}{2}\\\frac{2\sqrt{2}}{3}&\frac{-1}{3\sqrt{2}}&\frac{-1}{3\sqrt{2}}\end{bmatrix}\begin{bmatrix}-5\\-1\\1\end{bmatrix}=\begin{bmatrix}-\frac{5}{3}\\\sqrt{2}\\-\frac{10\sqrt{2}}{3}\end{bmatrix}$$

由上式可以得到

$$\begin{bmatrix}3&3\\0&3\sqrt{2}\end{bmatrix}\begin{bmatrix}x_1\\x_2\end{bmatrix}=\begin{bmatrix}-\frac{5}{3}\\\sqrt{2}\end{bmatrix}$$

解之得：$x_1=-\frac{8}{9}$，$x_2=\frac{1}{3}$。

5.2.3 Householder 反射

Householder 反射方法相对于 Gram - Schmidt 正交化方法来说，是一种运算更少，更稳定的 QR 分解方法。

Householder 反射是一个正交矩阵，每一个向量乘以这个矩阵时，它的长度没有改变。

定理 5.2 设 $v\in\mathbf{R}^n$，且 $\|\boldsymbol{k}\|_2=1$，则 n 阶矩阵 $\boldsymbol{H}=\boldsymbol{I}-2\boldsymbol{k}\boldsymbol{k}^{\mathrm{T}}$ 称为 Householder 变换矩阵，简称 Householder 矩阵，易知 $\boldsymbol{H}$ 是一个对称的直角阵，即

$$\boldsymbol{H}^{\mathrm{T}}=\boldsymbol{H},\ \boldsymbol{H}^{\mathrm{T}}\boldsymbol{H}=\boldsymbol{I} \tag{5.13}$$

证明：

$$\begin{aligned}\boldsymbol{H}^{\mathrm{T}}\boldsymbol{H}&=\boldsymbol{H}^2=(\boldsymbol{I}-2\boldsymbol{k}\boldsymbol{k}^{\mathrm{T}})^2\\&=\boldsymbol{I}-4\boldsymbol{k}\boldsymbol{k}^{\mathrm{T}}+4\boldsymbol{k}(\boldsymbol{k}^{\mathrm{T}}\boldsymbol{k})\boldsymbol{k}^{\mathrm{T}}=\boldsymbol{I}\end{aligned}$$

Householder 矩阵具有以下重要性质：

性质 1：设 $\boldsymbol{x}$，$\boldsymbol{y}\in\mathbf{R}^n$，且 $\|\boldsymbol{x}\|_2=\|\boldsymbol{w}\|_2$，那么 $\boldsymbol{w}-\boldsymbol{x}$ 与 $\boldsymbol{w}+\boldsymbol{x}$ 正交。

性质 2：设 $\boldsymbol{x}$，$\boldsymbol{y}\in\mathbf{R}^n$，且 $\|\boldsymbol{x}\|_2=\|\boldsymbol{w}\|_2$，则存在 Householder 矩阵 $\boldsymbol{H}$，使 $\boldsymbol{Hx}=\boldsymbol{w}$，这里，我们定义 $\boldsymbol{v}=\boldsymbol{w}-\boldsymbol{x}$，且把 $\boldsymbol{P}=\frac{\boldsymbol{v}\boldsymbol{v}^{\mathrm{T}}}{\boldsymbol{v}^{\mathrm{T}}\boldsymbol{v}}$ 称为投影矩阵。我们通过计算得到 $\boldsymbol{P}^2=\boldsymbol{P}$。

因为下式成立：

$$\begin{aligned}(\boldsymbol{I}-2\boldsymbol{P})\boldsymbol{x}&=\boldsymbol{x}-2\boldsymbol{Px}=\boldsymbol{w}-\boldsymbol{v}-\frac{2\boldsymbol{v}\boldsymbol{v}^{\mathrm{T}}\boldsymbol{x}}{\boldsymbol{v}^{\mathrm{T}}\boldsymbol{v}}\\&=\boldsymbol{w}-\boldsymbol{v}-\frac{\boldsymbol{v}\boldsymbol{v}^{\mathrm{T}}\boldsymbol{x}}{\boldsymbol{v}^{\mathrm{T}}\boldsymbol{v}}-\frac{\boldsymbol{v}\boldsymbol{v}^{\mathrm{T}}(\boldsymbol{w}-\boldsymbol{v})}{\boldsymbol{v}^{\mathrm{T}}\boldsymbol{v}}\\&=\boldsymbol{w}-\frac{\boldsymbol{v}\boldsymbol{v}^{\mathrm{T}}(\boldsymbol{w}+\boldsymbol{x})}{\boldsymbol{v}^{\mathrm{T}}\boldsymbol{v}}=\boldsymbol{w}\end{aligned}$$

上述等式成立来源于性质 1。

所以：$\boldsymbol{H}=\boldsymbol{I}-2\boldsymbol{P}$，$\boldsymbol{P}=\frac{\boldsymbol{v}\boldsymbol{v}^{\mathrm{T}}}{\boldsymbol{v}^{\mathrm{T}}\boldsymbol{v}}$，矩阵 $\boldsymbol{H}$ 称为 Householder 反射。其中，$\boldsymbol{H}$ 是对称正交矩阵，$\boldsymbol{Hx}=\boldsymbol{w}$，$\boldsymbol{v}=\boldsymbol{w}-\boldsymbol{x}$。

例 5.10 设 $\boldsymbol{x}=(3,\ 4,\ 12)^{\mathrm{T}}$，试求 $\boldsymbol{H}$ 矩阵，使得 $\boldsymbol{Hx}=\boldsymbol{w}=(-13,\ 0,\ 0)^{\mathrm{T}}$。

解：

$$\boldsymbol{v}=\boldsymbol{w}-\boldsymbol{x}=\begin{bmatrix}-13\\0\\0\end{bmatrix}-\begin{bmatrix}3\\4\\12\end{bmatrix}=\begin{bmatrix}-16\\-4\\-12\end{bmatrix}$$

$$\boldsymbol{H}=\boldsymbol{I}-2\frac{\boldsymbol{v}\boldsymbol{v}^{\mathrm{T}}}{\boldsymbol{v}^{\mathrm{T}}\boldsymbol{v}}=\begin{bmatrix}1&0&0\\0&1&0\\0&0&1\end{bmatrix}-\frac{2}{416}\begin{bmatrix}256&64&192\\64&16&48\\192&48&144\end{bmatrix}=\frac{1}{13}\begin{bmatrix}-3&-4&-12\\-4&12&-3\\-12&-3&4\end{bmatrix}$$

直接验证 $\boldsymbol{Hx}=\boldsymbol{w}=(-13,\ 0,\ 0)^{\mathrm{T}}$

5.2.4 矩阵的分解

定理 5.3 设矩阵 $\boldsymbol{A}$ 非奇异，则一定存在正交矩阵 $\boldsymbol{Q}$，上三角矩阵 $\boldsymbol{R}$，使 $\boldsymbol{A}=\boldsymbol{QR}$。且当要求 $\boldsymbol{R}$ 的主对角元素均为正数时，上述分解式是唯一的。

证明：证明其存在性：

由矩阵 $\boldsymbol{A}$ 的非奇异性及 Householder 变换矩阵的性质知，一定可构造 $n-1$ 个 $\boldsymbol{H}$ 矩阵：$\boldsymbol{H}_1,\ \boldsymbol{H}_2,\ \cdots,\ \boldsymbol{H}_{n-1}$ 使 $\boldsymbol{A}_{k+1}=\boldsymbol{H}_k\boldsymbol{A}_k$，$(k=1,\ 2,\ \cdots,\ n-1)$，其中 $\boldsymbol{A}_1=\boldsymbol{A}$。

$$\boldsymbol{A}_n=\begin{bmatrix}-\sigma_1&a_{12}^{(n)}&\cdots&&a_{1n}^{(n)}\\&-\sigma_2&\cdots&&a_{2n}^{(n)}\\&&\ddots&\cdots&\vdots\\&&&-\sigma_{n-1}&a_{n-1n}^{(n)}\\&&&&a_{nn}^{(n)}\end{bmatrix}$$

因此有 $\boldsymbol{H}_{n-1}\boldsymbol{H}_{n-2}\cdots\boldsymbol{H}_2\boldsymbol{H}_1\boldsymbol{A}=\boldsymbol{R}$。

即有 $\boldsymbol{A}=\boldsymbol{QR}$，其中，$\boldsymbol{Q}=\boldsymbol{H}_1\boldsymbol{H}_2\cdots\boldsymbol{H}_{n-1}$，$\boldsymbol{Q}$ 为正交矩阵。

例 5.11 设矩阵 $\boldsymbol{A}=\begin{bmatrix}1&1\\2&-1\\2&5\end{bmatrix}$

试用 Householder 反射求矩阵 $\boldsymbol{A}$ 的 QR 分解。

解：首先把矩阵 $\boldsymbol{A}$ 的第一列 $\boldsymbol{A}=[1\quad 2\quad 2]^{\mathrm{T}}$ 变到向量 $\boldsymbol{w}=[\|\boldsymbol{x}\|_2\quad 0\quad 0]^{\mathrm{T}}$ 的 Householder 反射。因为

$$\boldsymbol{v}=\boldsymbol{w}-\boldsymbol{x}=[3\quad 0\quad 0]^{\mathrm{T}}-[1\quad 2\quad 2]^{\mathrm{T}}=[2\quad -2\quad -2]^{\mathrm{T}}$$

$$\boldsymbol{H}=\boldsymbol{I}-2\boldsymbol{P},\ \boldsymbol{P}=\frac{\boldsymbol{v}\boldsymbol{v}^{\mathrm{T}}}{\boldsymbol{v}^{\mathrm{T}}\boldsymbol{v}}$$

$$\boldsymbol{H}_1=\begin{bmatrix}1&0&0\\0&1&0\\0&0&1\end{bmatrix}-\frac{1}{6}\begin{bmatrix}4&-4&-4\\-4&4&4\\-4&4&4\end{bmatrix}$$

$$=\begin{bmatrix}\frac{1}{3}&\frac{2}{3}&\frac{2}{3}\\\frac{2}{3}&\frac{1}{3}&-\frac{2}{3}\\\frac{2}{3}&-\frac{2}{3}&\frac{1}{3}\end{bmatrix}$$

$$H_1A=\begin{bmatrix}\frac{1}{3} & \frac{2}{3} & \frac{2}{3}\\ \frac{2}{3} & \frac{1}{3} & -\frac{2}{3}\\ \frac{2}{3} & -\frac{2}{3} & \frac{1}{3}\end{bmatrix}\begin{bmatrix}1 & 1\\ 2 & -1\\ 2 & 5\end{bmatrix}=\begin{bmatrix}3 & 3\\ 0 & -3\\ 0 & 3\end{bmatrix}$$

然后把向量 $x=[-3,\ 3]^{\mathrm{T}}$ 变成 $w=[3\sqrt{2},\ 0]^{\mathrm{T}}$，所以

$$H_2=\begin{bmatrix}-\frac{1}{\sqrt{2}} & \frac{1}{\sqrt{2}}\\ \frac{1}{\sqrt{2}} & \frac{1}{\sqrt{2}}\end{bmatrix}\begin{bmatrix}-3\\ 3\end{bmatrix}=\begin{bmatrix}3\sqrt{2}\\ 0\end{bmatrix}$$

所以，

$$H_2H_1A=\begin{bmatrix}1 & 0 & 0\\ 0 & -\frac{1}{\sqrt{2}} & \frac{1}{\sqrt{2}}\\ 0 & \frac{1}{\sqrt{2}} & \frac{1}{\sqrt{2}}\end{bmatrix}\begin{bmatrix}\frac{1}{3} & \frac{2}{3} & \frac{2}{3}\\ \frac{2}{3} & \frac{1}{3} & -\frac{2}{3}\\ \frac{2}{3} & -\frac{2}{3} & \frac{1}{3}\end{bmatrix}\begin{bmatrix}1 & 1\\ 2 & -1\\ 2 & 5\end{bmatrix}=\begin{bmatrix}3 & 3\\ 0 & 3\sqrt{2}\\ 0 & 0\end{bmatrix}=R$$

H 两边左乘 $H_1^{-1}H_2^{-1}=H_1H_2$ 得到 QR 分解：

$$\begin{bmatrix}1 & 1\\ 2 & -1\\ 2 & 5\end{bmatrix}=H_1H_2R=\begin{bmatrix}\frac{1}{3} & \frac{2}{3} & \frac{2}{3}\\ \frac{2}{3} & \frac{1}{3} & -\frac{2}{3}\\ \frac{2}{3} & -\frac{2}{3} & \frac{1}{3}\end{bmatrix}\begin{bmatrix}1 & 0 & 0\\ 0 & -\frac{1}{\sqrt{2}} & \frac{1}{\sqrt{2}}\\ 0 & \frac{1}{\sqrt{2}} & \frac{1}{\sqrt{2}}\end{bmatrix}\begin{bmatrix}3 & 3\\ 0 & 3\sqrt{2}\\ 0 & 0\end{bmatrix}$$

$$=\begin{bmatrix}\frac{1}{3} & 0 & \frac{2\sqrt{2}}{3}\\ \frac{2}{3} & -\frac{\sqrt{2}}{2} & \frac{-1}{3\sqrt{2}}\\ \frac{2}{3} & \frac{\sqrt{2}}{2} & \frac{-1}{3\sqrt{2}}\end{bmatrix}\begin{bmatrix}3 & 3\\ 0 & 3\sqrt{2}\\ 0 & 0\end{bmatrix}$$

于是

$$Q=\begin{bmatrix}\frac{1}{3} & 0 & \frac{2\sqrt{2}}{3}\\ \frac{2}{3} & -\frac{\sqrt{2}}{2} & \frac{-1}{3\sqrt{2}}\\ \frac{2}{3} & \frac{\sqrt{2}}{2} & \frac{-1}{3\sqrt{2}}\end{bmatrix},\quad R=\begin{bmatrix}3 & 3\\ 0 & 3\sqrt{2}\\ 0 & 0\end{bmatrix}$$

检验 $\boldsymbol{A}=\boldsymbol{QR}$：对于给定的 $m\times n$ 矩阵 $\boldsymbol{A}$，QR 分解不是唯一的。例如，定义 $\boldsymbol{D}=\mathrm{diag}(d_1,\cdots,d_m)$，其中每一个 d_i；或者是 +1 或者是 −1。于是 $\boldsymbol{A}=\boldsymbol{QR}=\boldsymbol{QDDR}$，而且我们检验 $\boldsymbol{QD}$ 是正交的，$\boldsymbol{DR}$ 是上三角的。

5.3 非线性最小二乘（高斯–牛顿法）

解线性方程组 $\boldsymbol{Ax}=\boldsymbol{b}$ 使之最小二乘解残差的 2 –范数极小，有两种方法：正规方程法和 QR 分解法。

但这两种方法不能对非线性方程组使用。本节将介绍解非线性最小二乘问题的高斯–牛顿方法，其不仅可以求解圆周相交问题，还可以对数据进行具有非线性系数模型的拟合。

对于含 n 个未知数，m 个方程的方程组

$$\begin{cases} r_1(x_1,\cdots x_n)=0 \\ \vdots \\ r_m(x_1,\cdots x_n)=0 \end{cases} \tag{5.14}$$

用表达式

$$E(x_1,\cdots,x_n)=\frac{1}{2}(r_1^2+\cdots+r_m^2)=\frac{1}{2}r^{\mathrm{T}}r$$

表示误差平方和，式(5.14) 中 $\boldsymbol{r}=[r_1\cdots r_m]^{\mathrm{T}}$，为了简化后面的公式。为了极小化 E，令梯度 $F(\boldsymbol{x})=\nabla E(\boldsymbol{x})$ 为零：

即

$$\begin{aligned} 0&=F(\boldsymbol{x})=\nabla E(\boldsymbol{x}) \\ &=\nabla\left(\frac{1}{2}r(\boldsymbol{x})^{\mathrm{T}}r(\boldsymbol{x})\right)=r(\boldsymbol{x})^{\mathrm{T}}\boldsymbol{D}r(\boldsymbol{x}) \end{aligned} \tag{5.15}$$

这里需要向量值函数的 $F(\boldsymbol{x})=r(\boldsymbol{x})^{\mathrm{T}}\boldsymbol{D}r(\boldsymbol{x})$ 的雅可比矩阵。把行向量写成列向量 $(\boldsymbol{r}^{\mathrm{T}}\boldsymbol{Dr})^{\mathrm{T}}=(\boldsymbol{Dr})^{\mathrm{T}}\boldsymbol{r}$，用矩阵/向量乘积法则得到

$$DF(\boldsymbol{x})=D((\boldsymbol{Dr})^{\mathrm{T}}\boldsymbol{r})=(\boldsymbol{Dr})^{\mathrm{T}}\cdot\boldsymbol{Dr}+\sum_{i=1}^{m}r_i\boldsymbol{D}c_i$$

这里 c_i 是 $\boldsymbol{Dr}$ 的第 i 列，注意到 $\boldsymbol{D}c_i=\boldsymbol{H}r_i$（$r_i$ 的二阶偏导数矩阵或称 r_i 的海塞矩阵）。

$$\boldsymbol{H}r_i=\begin{bmatrix} \dfrac{\partial^2 r_i}{\partial x_1\partial x_1} & \cdots & \dfrac{\partial^2 r_i}{\partial x_1\partial x_n} \\ \vdots & & \vdots \\ \dfrac{\partial^2 r_i}{\partial x_n\partial x_1} & \cdots & \dfrac{\partial^2 r_i}{\partial x_n\partial x_n} \end{bmatrix}$$

如果省略求和项，此方法会被大大简化。一种改进方法称为拟牛顿法，不直接使用函数的导数，而是近似地把函数的导数置为零，在求和中省略高阶项。

高斯–牛顿方法

要极小化 $r_1(x)^2+\cdots+r_m(x)^2$，设 $\boldsymbol{x}^0=$初始向量，

for $k=0,1,2\cdots$

$Dr(x^k)^T Dr(x^k) v^k = -Dr(x^k)^T r(x^k)$

$x^{k+1} = x^k + v^k$

end

例 5.12 用高斯-牛顿方法求到3个圆的距离平方和为极小的点 $(\bar{x}, \bar{y})$。圆心是 $(0, 1)$，$(1, 1)$，$(0, -1)$，其半径都是1，取初始向量 $(x_0, y_0) = (0, 0)$。

解：所求点 (x, y) 使残差的平方和最小：

$$r_1(x,y) = \sqrt{(x-x_1)^2 + (y-y_1)^2} - R_1$$
$$r_2(x,y) = \sqrt{(x-x_2)^2 + (y-y_2)^2} - R_2$$
$$r_3(x,y) = \sqrt{(x-x_3)^2 + (y-y_3)^2} - R_3$$

$r(x, y)$ 的雅可比矩阵是

$$Dr(x,y) = \begin{bmatrix} \dfrac{x-x_1}{S_1} & \dfrac{y-y_1}{S_1} \\ \dfrac{x-x_2}{S_2} & \dfrac{y-y_2}{S_2} \\ \dfrac{x-x_3}{S_3} & \dfrac{y-y_3}{S_3} \end{bmatrix}$$

$$S_i = \sqrt{(x-x_i)^2 + (y-y_i)^2} \quad (i = 1, 2, 3)$$

得到解收敛于 $(\bar{x}, \bar{y}) = (0.410623, 0.055501)$。

现在回到开头的 GPS 问题，从几何上来讲，4 个球可能没有交点，但是，如果把半径伸长或缩短一个合适的相同的量，那么它们将有交点。表示 4 个球相交的方程组是表示平面中 3 个圆交点的三维模拟。

求解方程组得到 (x, y, z, d) 并不困难，注意，将第一个方程减去后面 3 个方程就得到 3 个线性方程。每个线性方程可以用于分别消去一个变量 x，y，z，并且通过代入到任何一个原方程，就会得到单个变量 d 的二次方程。因此，方程组最多有两个实数解，而且可以通过二次方程的求根公式求得它们。

在应用 GPS 时进一步出现了两个问题。首先是方程组的条件作用，我们将发现当卫星在天空中紧密集聚时，求解 (x, y, z, d) 是病态的。

第二个困难是信号的传送速度并不是精确地是 c，信号要通过 100km 电离层和 10km 对流层，它们的电磁性质可能影响传送速度。更有甚者，在到达接收器之前，信号可能遇到地球上的障碍物，即称为多路径干扰的影响。如果认为这些障碍物在每个卫星的轨道上有相同的影响，那么在方程组的右边引入时间校正 d 会有帮助。然而，这些假设通常是行不通的，而且将引导我们从更多的卫星增加信息，以及考虑用 Gauss - Newton 方法来求解最小二乘问题。

考虑原点是地球中心（半径≈6370km）的三维坐标系。GPS 接收器把这些坐标转变成纬度、经度和高度等数据，供用全球信息系统（GIS）读取和用于更复杂的映射。我们在这里不考虑其过程。

应用实例

最小二乘的概念是从 19 世纪早期 Gauss 和 Legendre 的开拓性工作开始的。它的应用遍及现代统计学和数学建模。这种回归和参数估计的关键技术在科学和工程中已经成为基本工具。

例 5.13 表 5.6 是给定的乌鲁木齐最近 1 个月早晨 7：00 左右（新疆时间）的天气预报所得到的温度数据表，按照数据找出任意次曲线拟合方程和它的图像。

表 5.6 乌鲁木齐最近 1 个月温度数据

天　数	1	2	3	4	5
温度/℃	9	10	11	12	13
天　数	6	7	8	9	10
温度/℃	15	13	12	11	9
天　数	11	12	13	14	15
温度/℃	10	11	12	13	14
天　数	16	17	18	19	20
温度/℃	12	11	10	9	8
天　数	21	22	23	24	25
温度/℃	5	8	9	11	9
天　数	26	27	28	29	30
温度/℃	7	6	5	2	1

下面应用 MATLAB 编程对上述数据进行最小二乘拟合：

解：

```
x = [1:1:30];
y = [9,10,11,12,13,15,13,12,11,9,10,11,12,13,14,12,11,10,9,8,5,8,9,11,
9,7,6,5,2,1];
a1 = polyfit(x,y,3)  % 3 次多项式拟合%
a2 = polyfit(x,y,9)  % 9 次多项式拟合
a3 = polyfit(x,y,15)  % 15 次多项式拟合
b1 = polyval(a1,x)
b2 = polyval(a2,x)
b3 = polyval(a3,x)
r1 = sum((y - b1).^2)  % 3 次多项式误差平方和
r2 = sum((y - b2).^2)  % 9 次多项式误差平方和
r3 = sum((y - b3).^2)  % 15 次多项式误差平方和
plot(x,y,'* ')  % 用* 画出 x,y 图像
hold on
plot(x,b1, 'r')  % 用红色线画出 x,b1 图像%
```

```
hold on
plot(x,b2, 'k')  % 用黑色线画出 x,b2 图像%
hold on
plot(x,b3, 'b:o')  % 用蓝色 o 线画出 x,b3 图像%
```

数值结果：

不同次数多项式拟和误差平方和为：

r1 = 75. 5449

r2 = 21. 1737

r3 =4. 7854

r1、r2、r3 分别表示 3 次、9 次、15 次多项式误差平方和。

拟合曲线如图 5. 2 所示。

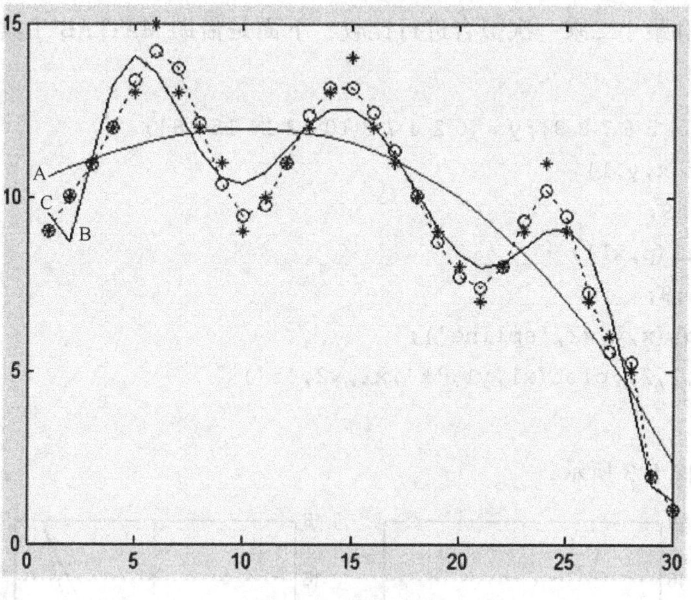

图 5. 2　拟合曲线

上图中 * 代表原始数据，A 曲线代表 3 次多项式拟合曲线，B 曲线代表 9 次多项式拟合曲线，C 曲线代表 15 次多项式拟合曲线。

结论：

以上结果可以看到用最小二乘拟合来求解问题时，有时候它的结果很接近实际情况，有时候与实际情况离的太远，因为所求得多项式次数太小时数据点之间差别很大，次数最大时误差最小，但是有时候不符合实际情况，所以用最小二乘法时次数选取很重要。

从上面的拟合中也可以看到，多项式拟合误差平方和随着拟合多项式次数的增加而逐渐减小，拟合的曲线更靠近实际数据，从而拟合更准确。

例 5. 14　已知在测量小车（恒速）位移（y_i）和时间（x_i）的关系时，测得的数据如下：

小车时间（x_i）和位移关系（y_i）见表 5. 7。

表 5.7 小车时间（x_i）和位移关系（y_i）

x_i	0	1	2	3	4
y_i	0	2	4	7	8
x_i	5	6	7	8	9
y_i	10	12	14	15	18

解：(1) 首先画出数据的散点图，输入

```
x = [0 1 2 3 4 5 6 7 8 9];y = [0 2 4 7 8 10 12 14 15 18];
subplot(1,2,1);plot(x,y,'o')
grid on
```

(2) 选择经验公式

我们从图中可以看出其基本为直线趋势，所以拟合的曲线应该是一次直线，我们分别用三次样条插值法和最小二乘一次拟合进行比较，下面是借助 MATLAB 工具进行作图，其程序如下：

```
x = [0 1 2 3 4 5 6 7 8 9];y = [0 2 4 7 8 10 12 14 15 18];
p = polyfit(x,y,1)
x1 = 0:0.01:9;
y1 = polyval(p,x1);
x2 = 0:0.01:9;
y2 = interp1(x,y,x2,'spline');
subplot(1,2,2);plot(x1,y1,'k',x2,y2,'r')
grid on
```

拟和曲线如图 5.3 所示。

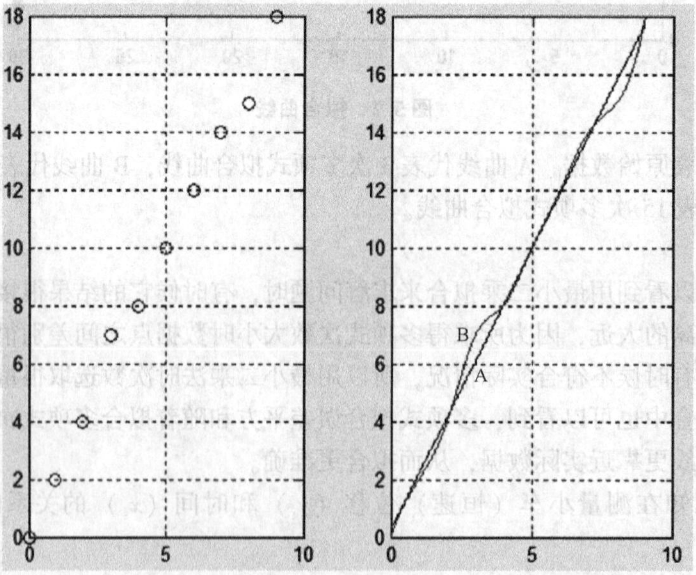

图 5.3 拟合曲线

在图左侧是实际测得的数据，右侧A曲线表示是三次样条插值法，B直线是最小二乘法拟合所得。从图比较中我们可以很明显地看出，插值曲线要求严格通过所给的每一个数据点，这会保留所给数据的误差，如果个别数据误差很大，那么插值效果显然不好。也就是说我们所给的数据本身不一定可靠，但是由于所给的数据很多，这就要求从所给的一大堆看上去杂乱无章的数据中找出规律来，在这种情况下我们利用最小二乘法拟合可以得到一条曲线（所谓拟合曲线）来反映所给数据点总的趋势，以消除局部的波动。

例5.15 在某科研中，观察水分的渗透速度，测得时间 t 与水的重量的数据见表5.8。

表5.8 时间与水的重量的数据

t/s	1	2	4	8	16	32	64
w/g	4.18	4.05	3.66	3.52	3.42	3.01	2.56

已知经验公式 $w = ct^k$，用最小二乘绘出曲线图。

解：本题的程序如下：

```
>> x=[1 2 4 8 16 32 64];
>> y=[4.18 4.05 3.66 3.52 3.42 3.01 2.56];
>> [m,n]=size(x);
>> xi=log(x(:));
>> yi=log(y(:));
>> A=ones(n,2);
>> A(:,1)=xi

A=

          0    1.0000
     0.6931    1.0000
     1.3863    1.0000
     2.0794    1.0000
     2.7726    1.0000
     3.4657    1.0000
     4.1589    1.0000

>> a=(A'* A)\(A'* yi);
>> c=a(1);% 指数 k
>> b=exp(a(2));% 系数 c
>> xi=linspace(1,128,100);
>> yi=b* xi,^c;
>> plot(x,y,'o',xi,yi);
>> xlabel('t seconds');
>> ylabel('w grams')
>> legend('原始数据','拟合');
```

拟合曲线如图5.4所示。

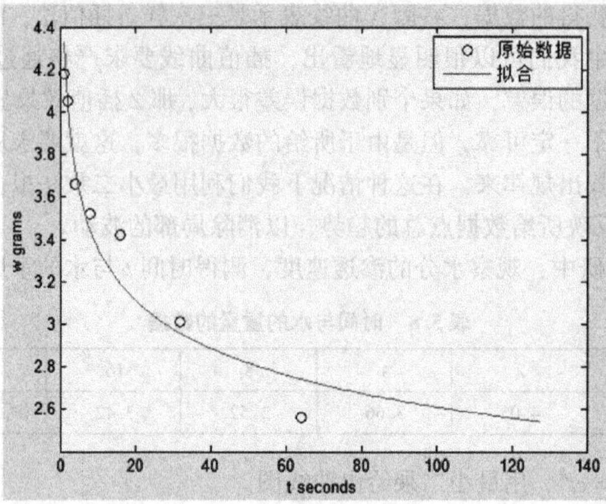

图 5.4　拟合曲线

例 5.16　一组实验数据见表 5.9，已知经验公式 $y=\dfrac{t}{at+b}$，用最小二乘绘出曲线图。

表 5.9　实验数据

t	1	2	3	4	5	6	7	8
y	4.05	6.20	8.10	8.85	9.42	9.48	9.65	9.90

解：本题的程序如下：

```
>> clear;
>> t=[1 2 3 4 5 6 7 8];
>> y=[4.05 6.20 8.10 8.85 9.42 9.48 9.65 9.90];
>> [m,n]=size(t);
>> u=t( :).^(-1);
>> v=y( :).^(-1);
>> A=ones(n,2);
>> A=( :,1)=u;
>> a=(A'* A)\(A'* v);
>> b=a(1);% 系数 a
>> a=a(2);% 系数 c
>> ti=linspace(1,8,100);
>> yi=ti.* (a* ti+b).^-1;
>> plot(t,y,'o',ti,yi);
>> xlabel('t');
>> ylabel('y')
>> legend('原始数据','拟合');
```

结果如图 5.5 所示。

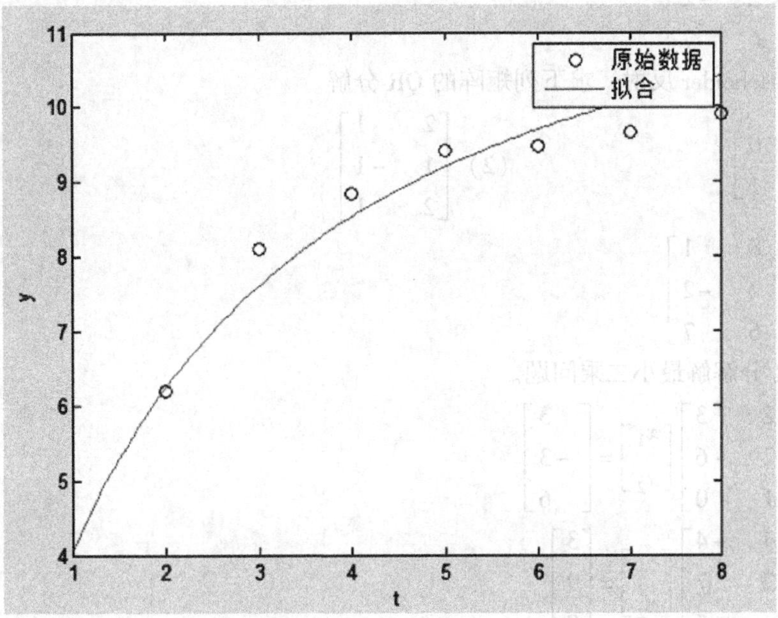

图 5.5 拟合曲线

习 题

1. 求方程组的最小二乘解。

(1) $\begin{cases}2x_1+4x_2=11\\3x_1-5x_2=3\\x_1+2x_2=6\\2x_1+x_2=7\end{cases}$ (2) $\begin{bmatrix}1&-4\\2&3\\2&2\end{bmatrix}\begin{bmatrix}x_1\\x_2\end{bmatrix}=\begin{bmatrix}-3\\15\\9\end{bmatrix}$

(3) $\begin{bmatrix}1&1\\2&1\\3&1\end{bmatrix}\begin{bmatrix}x_1\\x_2\end{bmatrix}=\begin{bmatrix}1\\2\\0\end{bmatrix}$ (4) $\begin{bmatrix}3&-1&2\\4&1&0\\-3&2&1\\1&1&5\\-2&0&3\end{bmatrix}\begin{bmatrix}x_1\\x_2\\x_3\end{bmatrix}=\begin{bmatrix}10\\10\\-5\\15\\0\end{bmatrix}$

2. 求经过下面数据点的最佳直线，并求出 RMSE。

(1, 1), (1, 2), (2, 2), (2, 3), (4, 3)

3. 求经过下面数据点的最佳抛物线，并求 RMSE。

(1, 2), (2, 3), (4, 1), (6, 3)

4. 用 Gram - Schmidt 正交化，求下列矩阵的 QR 分解。

(1) $\begin{bmatrix}4&0\\3&1\end{bmatrix}$ (2) $\begin{bmatrix}2&1\\1&-1\\2&1\end{bmatrix}$

(3) $\begin{bmatrix} 4 & 8 & 1 \\ 0 & 2 & -2 \\ 3 & 6 & 7 \end{bmatrix}$

5. 用 householder 反射，求下列矩阵的 QR 分解。

(1) $\begin{bmatrix} 4 & 0 \\ 3 & 1 \end{bmatrix}$ (2) $\begin{bmatrix} 2 & 1 \\ 1 & -1 \\ 2 & 1 \end{bmatrix}$

(3) $\begin{bmatrix} 4 & 8 & 1 \\ 0 & 2 & -2 \\ 3 & 6 & 7 \end{bmatrix}$

6. 用 QR 分解解最小二乘问题。

(1) $\begin{bmatrix} 2 & 3 \\ -2 & -6 \\ 1 & 0 \end{bmatrix}\begin{bmatrix} x_1 \\ x_2 \end{bmatrix}=\begin{bmatrix} 3 \\ -3 \\ 6 \end{bmatrix}$

(2) $\begin{bmatrix} -4 & -4 \\ -2 & 7 \\ 4 & -5 \end{bmatrix}\begin{bmatrix} x_1 \\ x_2 \end{bmatrix}=\begin{bmatrix} 3 \\ 9 \\ 0 \end{bmatrix}$

“两弹一星”功勋科学家：彭桓武

第 6 章　数值微分和数值积分

确定啮合轮齿的弹性变形和啮合刚度一直是齿轮动力学中的重要任务。要确定啮合刚度，也需求出轮齿的弹性变形，所以，轮齿弹性变形的求解尤为重要。对于直齿轮轮齿一般处理成二维平面问题，相应的受载弹性变形计算方法则有材料力学方法、数学弹性力学方法和以有限元法为代表的数值方法，其中材料力学方法是使用最早、应用很广的一类方法。材料力学法将轮齿简化为弹性基础上的变截面悬臂梁，认为啮合轮齿的综合弹性变形由悬臂梁的弯曲变形、剪切变形和压缩变形，以及由基础的弹性变形引起的附加变形，加上齿面啮合的接触变形等三部分组成 。现存文献中，在用材料力学法求解由轮齿在力作用下的弯曲变形、剪切变形和压缩变形所引起的载荷作用点沿力方向上的变形时，都是将轮齿上载荷作用点至齿根分成若干小段（采用的模型如图 6.1 所示），求出各小段在力作用下的弯曲变形、剪切变形和压缩变形所引起的载荷作用点在力方向的变形，然后将它们叠加，得到由轮齿的弯曲、剪切、压缩所引起的载荷作用点的变形。该方法的计算精度依赖于轮齿的分段数，当轮齿分段数较少时，其计算精度较差。

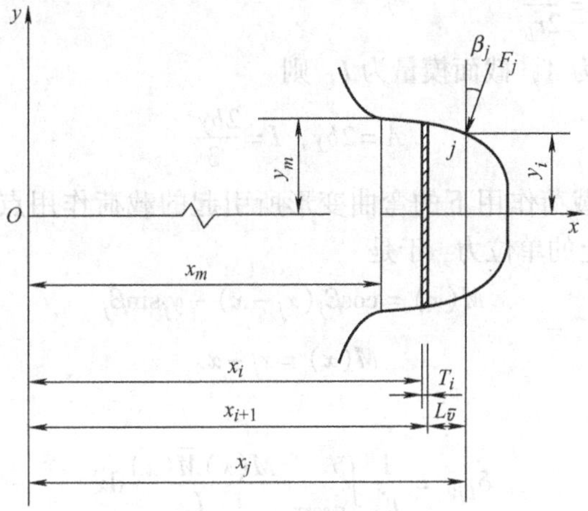

图 6.1　轮齿示意图

F_j 为作用在轮齿表面 j 点的单位正压力，计算 j 点沿 F_j 的作用方向的综合弹性变形。

设齿轮的模数为 m，基圆半径为 r_b，基圆齿厚为 s_b，齿顶圆半径为 r_a，齿顶圆上的齿厚为 s_a，齿宽为 b，载荷作用点的横坐标为 x_j，半齿厚为 y_j，泊松比为 ν，等效弹性模量为 E_e，单位载荷与轴间的夹角为 β_j，如图 6.2 所示。于是渐开线齿轮啮合齿面的曲线参数方程可表示为

$$\begin{cases} x = r_b(\cos t + t\sin t) - r_b(1 - \cos\gamma_b) \\ y = r_b(\sin t - t\cos t) - r_b\sin\gamma_b \end{cases}$$

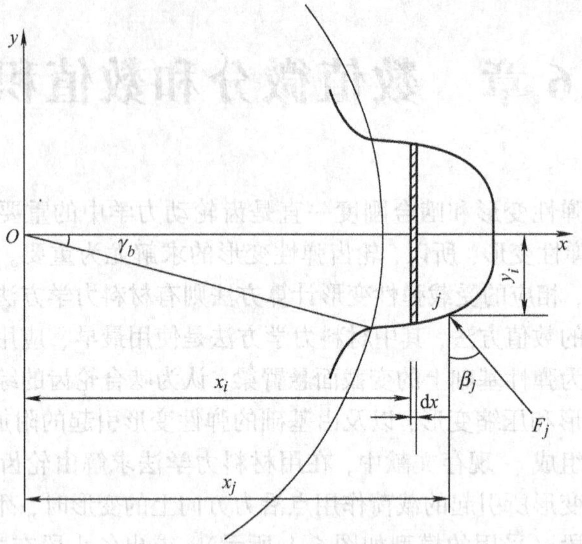

图 6.2 轮齿受力图

其中参数 t 的上限由以下方程确定：

$$r_b(\cos t + t\sin t) - (1 - \cos\gamma_b) - r_a\cos\gamma_a = 0$$

式中 $\gamma_a = \dfrac{s_a}{2r_a}$，$\gamma_b = \dfrac{s_b}{2r_b}$

设截面处横截面积为 A，截面模量为 I，则

$$A = 2by,\ I = \frac{2by^3}{3}$$

为求由轮齿在单位载荷作用下的弯曲变形所引起的载荷作用点 j 沿 y 方向的变形 δ_{Bj1}，首先在 j 点作用垂直向上的单位力，于是

$$M(x) = \cos\beta_j(x_j - x) - y_j\sin\beta_j$$

$$\overline{M}(x) = x_j - x$$

由莫尔定理：

$$\delta_{Bj1} = \frac{1}{E_e}\int_{r_b\cos\gamma_b}^{x_j} \frac{M(x)\overline{M}(x)}{I}\mathrm{d}x$$

用积分法推导确定由直齿轮轮齿在单位力作用下的弯曲变形、剪切变形和压缩变形所引起的于载荷作用点处沿载荷方向变形的计算公式，编制程序对它们进行计算，与用传统的分段方法求得的结果进行了比较。结果表明，只有分段段数足够多时，用分段法求得的结果才与积分法达到的结果一致。

由此，我们可以看出积分法的优越性。

在一般情形下，若函数 $f(x)$ 在区间 $[a, b]$ 上连续且其原函数为 $F(x)$，则可用牛顿-莱布尼茨公式

$$\int_a^b f(x)\mathrm{d}x = F(b) - F(a)$$

求得定积分。此公式无论在理论上或在解决实际问题上都起了很大的作用。但有些被积

函数找不到用初等函数的有限形式表示的原函数。例如对公式

$$\int_0^1 \frac{\sin x}{x}dx \quad 和 \quad \int_0^1 e^{-x^2}dx$$

就无能为力了。还有的被积函数尽管能用初等函数的有限形式表示出来，但由于表达式太复杂，也不便使用。特别是在实际问题中还有很多函数是用表格或图形表示的，对于这种函数求积分，牛顿-莱布尼茨公式就更失去作用。这就说明了用求原函数的方法计算积分有其局限性。所以要研究求积分的数值方法，求微分时也是如此。用数值方法求微、求积也是微分方程、积分方程数值解法的基础。

6.1　数值微分

由导数的定义 $f'(x)=\lim\limits_{h\to 0}\frac{f(x+h)-f(x)}{h}$，根据泰勒公式，如果 f 二次连续可微，那么

$$f(x+h)=f(x)+hf'(x)+\frac{h^2}{2}f''(x)$$

其中 $x<c<x+h$。

由此得到两点向前差分公式 $f'(x)=\frac{f(x+h)-f(x)}{h}-\frac{h}{2}f''(c)$，$(x<c<x+h)$，其中 $\frac{h}{2}f''(c)$ 是误差。

如果 f 三次可导，那么

$$f(x+h)=f(x)+hf'(x)+\frac{h^2}{2}f''(x)+\frac{h^3}{6}f'''(c_1)$$

$$f(x-h)=f(x)-hf'(x)+\frac{h^2}{2}f''(x)-\frac{h^3}{6}f'''(c_2)$$

其中 $(x-h<c_2<x<c_1<x+h)$

两式相减得

$$f'(x)=\frac{f(x+h)-f(x-h)}{2h}-\frac{h^2}{12}f'''(c_1)-\frac{h^2}{12}f'''(c_2) \tag{6.1}$$

可以通过一般中值定理简化上述表达式。

定理 6.1　设 f 是区间 $[a, b]$ 上的连续函数，x_1，…，x_n 是 $[a, b]$ 中的点，而且 a_1，…，$a_n>0$，那么在 a，b 间存在数 c，使 $(a_1+\cdots+a_n)f(c)=a_1f(x_1)+\cdots+a_nf(x_n)$

简化结果为：

$$f'(x)=\frac{f(x+h)-f(x-h)}{2h}-\frac{h^2}{6}f'''(c) \tag{6.2}$$

式(6.2) 称为三点中心差分公式，其中 $(x-h<c<x+h)$。

例 6.1　用三点中心差分公式近似表示 $f(x)=\sqrt{x}$ 在 $x=2$ 处的导数。

解：用三点中心差分公式 (6.2) 求值得到

$$f'(x)=\frac{f(x+h)-f(x-h)}{2h}=\frac{\sqrt{2+h}-\sqrt{2-h}}{2h}$$

h 取不同值时，导数的对应值见表 6.1。

表 6.1　h 取不同值时，导数的对应值

h	$f'(x)$
1	0.3660
0.1	0.3535
0.01	0.3500
0.001	0.3500
0.0001	0.3000

用同样的方法可以得到高阶导数的近似公式表示。

例如二阶导数的三点中心差分公式

$$f''(x)=\frac{f(x-h)-2f(x)+f(x+h)}{h^2}+\frac{h^2}{12}f^{(4)}(c) \tag{6.3}$$

其中 $(x-h<c<x+h)$

请读者自行证明。

用 MATLAB 编写代码求导数

求一阶导数：

```
>> syms x;
>> f1 =3*x^2 +4*x -1;
>> f1 =diff(f)

f1 =

6*x + 4
```

求二阶导数：

```
>> f2 =diff(f,2)

f2 =

6
```

6.2　数值积分

在可积函数中能够解析积分的函数相当少，而且即使可以解析积分，让机器模拟人的思维也比较困难。借助数值方法离散化后计算积分的近似值，称为数值积分。

我们从以下这个例子中看出，可以用简单的可积函数来近似代替被积函数，与插值一样，可以选择多项式，利用多项式的积分来逼近所求的积分。

由长方形材料冲压而成的某种板，其横截线呈正弦函数形状，现要造 20m 长的板，其正弦波形的振幅为 4cm，周期约为 2πcm，问需平板原材料多少米？

问题归结为求函数 $f(x)=4\sin x$ 在区间［0，2000］上的弧长。由基础微积分知识可以知道，平板的长度为

$$L = \int_0^{2000} \sqrt{1 + [f'(x)]^2}\,dx = \int_0^{2000} \sqrt{1 + 16\cos^2 x}\,dx \quad (\text{cm})$$

而上述定积分不能用基本积分方法求得。利用本章要介绍的数值积分方法，我们便可以得到近似长度。

$$I = \int_a^b f(x)\,dx = \int_a^b P_n(x)\,dx$$

6.2.1 牛顿-柯特思型数值积分

1）插值求积公式

在$f(x)$ 区间 $[a, b]$ 上给定一组基点 $a \leqslant x_1 < x_2 < \cdots < x_{n+1} \leqslant b$。

作$f(x)$ 的拉格朗日插值多项式

$$p_n(x) = \sum_{i=1}^{n+1} l_i(x) f(x_i)$$

其中 $l_i(x)$ 为拉格朗日基本多项式，即

$$l_i(x) = \frac{w_{n+1}(x_i)}{(x - x_i)w'_{n+1}(x_i)}, i = 1,2,\cdots,n+1$$

$$w_{n+1}(x) = (x - x_1)(x - x_2)\cdots(x - x_{n+1})$$

于是

$$I(f) = \int_a^b f(x)W(x)\,dx$$

$$= \int_a^b p_n(x)W(x)\,dx + E_n(f)$$

$$= \sum_{i=1}^{n+1} A_i f(x_i) + E_n(f)$$

其中

$$A_i = \int_a^b l_i(x)W(x)\,dx, i = 1,2,3,\cdots,n+1$$

公式

$$I_n(f) = \sum_{i=1}^{n+1} A_i f(x_i) \tag{6.4}$$

称为插值求积公式。

2）梯形法则

用直线代替 $y = f(x)\,(x \in [a,b])$：

$$I = \int_a^b f(x)\,dx \approx \frac{f(a) + f(b)}{2} \cdot (b - a) = \frac{b - a}{2}[f(a) + f(b)]$$

如果对被积函数$f(x)$ 先用一次函数插值，然后积分可得

$$f(x) = p_1(x) + R_1(x) \tag{6.5}$$

式（6.5）中，

$$P_1(x) = f(x_0) + \frac{f(x_1) - f(x_0)}{x_1 - x_0}(x - x_0) \quad (a = x_0, b = x_1)$$

$$I=\int_a^b f(x)\mathrm{d}x=\int_{x_0}^{x_1}\left[f(x_0)+\frac{f(x_1)-f(x_0)}{x_1-x_0}(x-x_0)\right]\mathrm{d}x$$

$$=\left[f(x_0)(x-x_0)+\frac{f(x_1)-f(x_0)}{2(x_1-x_0)}(x-x_0)^2\right]\Bigg|_{x_0}^{x_1}$$

$$=\frac{(x_1-x_0)}{2}[f(x_0)+f(x_1)]$$

$$=\frac{b-a}{2}[f(a)+f(b)]$$

可见，梯形公式即为线性插值后积分得到的结果。误差恰为 $R_1(x)$ 的积分，记 $h=b-a=x_1-x_0$，有

$$f(x)=P_1(x)+R_1(x)=P_1(x)+\frac{f^{(2)}(\xi)}{2!}(x-x_0)(x-x_1)$$

$$\int_a^b f(x)\mathrm{d}x=\int_a^b P_1(x)\mathrm{d}x+\int_a^b R_1(x)\mathrm{d}x$$

$$=\frac{h}{2}[f(x_0)+f(x_1)]+R_1(f)$$

回忆一下积分中值定理，若 $g(x)\in C[a,b]$，$g(x)$ 在 $(a,\ b)$ 上不变号，$q(x)\in C[a,b]$，则

$$\int_a^b g(x)q(x)\mathrm{d}x=q(\xi)\int_b^a g(x)\mathrm{d}x\quad \xi\in(a,b)$$

由于 $\xi=\xi(x)$，$f^{(2)}(\xi(x))$ 也是 x 的函数，若二阶导数也连续，则 $q(x)=f^{(2)}(\xi(x))$ 则可看成连续函数，又 $g(x)=(x-x_0)(x-x_1)<0$，在 $(x_0,\ x_1)$ 上不变号，由积分中值定理知

$$R_1(f)=\int_a^b R_1(x)\mathrm{d}x=\int_a^b\frac{f^{(2)}(\xi(x))}{2!}(x-x_0)(x-x_1)\mathrm{d}x$$

$$=\frac{f^{(2)}(\xi(\zeta))}{2!}\int_{x_0}^{x_1}(x-x_0)(x-x_1)\mathrm{d}x$$

$$=\frac{f^{(2)}(\eta)}{2!}\left[-\frac{1}{6}(x_1-x_0)^3\right]$$

$$=-\frac{h^3}{12}f^{(2)}(\eta)\quad(\eta\in(a,b))$$

得到带余项的梯形公式如下：

$$I=\int_a^b f(x)\mathrm{d}x=\int_{x_0}^{x_1}f(x)\mathrm{d}x$$

$$=\frac{h}{2}[f(x_0)+f(x_1)]-\frac{h^3}{12}f''(\eta)\tag{6.6}$$

从图 6.3 中容易看出，当 $f''(\eta)>0$ 时 $R_1(f)<0$，梯形积分比实际积分大；当 $f''(\eta)<0$ 时 $R_1(f)>0$，梯形积分比实际积分小。

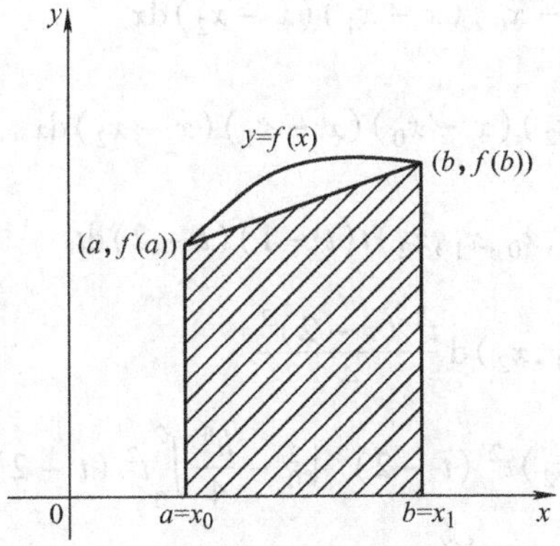

图 6.3　梯形积分和实际积分

3）辛普森公式

为了使计算定积分更精确，采用f在$[a, b]$上的二次插值多项式来代替梯形公式中的一次插值多项式，并等分$[a, b]$区间。

使$h=x_2-x_1=x_1-x_0=\frac{1}{2}(b-a)$，其中$a=x_0$，$b=x_2$，这样得到

$$f(x)=\frac{(x-x_1)(x-x_2)}{(x_0-x_1)(x_0-x_2)}f(x_0)+\frac{(x-x_0)(x-x_2)}{(x_1-x_0)(x_1-x_2)}f(x_1)+\frac{(x-x_0)(x-x_1)}{(x_2-x_0)(x_2-x_1)}f(x_2)+\frac{f^{(3)}(\zeta)(x-x_0)(x-x_1)(x-x_2)}{3!}$$

$$I=\int_a^b f(x)\mathrm{d}x=\int_{x_0}^{x_2}\frac{(x-x_1)(x-x_2)}{(x_2-x_1)(x_0-x_2)}f(x_0)\mathrm{d}x+\int_{x_0}^{x_2}\frac{(x-x_0)(x-x_2)}{(x_1-x_0)(x_1-x_2)}f(x_1)\mathrm{d}x+\int_{x_0}^{x_2}\frac{(x-x_0)(x-x_1)}{(x_2-x_0)(x_2-x_1)}f(x_2)\mathrm{d}x+R_2(f)$$

分别记上述三个积分为I_1、I_2、I_3，可得

$$I_1=\int_{x_0}^{x_2}\frac{(x-x_1)(x-x_2)}{(x_0-x_1)(x_0-x_2)}f(x_0)\mathrm{d}x$$

用$x=x_0+th$作变换，则$x_i=x_0+ih$，$(x-x_i)=(t-i)h(i=0,1,2)$，有

$$I_1=\int_0^2 h\frac{(t-1)(t-2)}{2}f(x_0)\mathrm{d}t=\frac{h}{2}f(x_0)\int_0^2(t-1)(t-2)\mathrm{d}t=\frac{h}{2}f(x_0)\frac{2}{3}=\frac{1}{3}hf(x_0)$$

同样方法可得到$I_2=\frac{4}{3}hf(x_1)$，$I_3=\frac{1}{3}hf(x_2)$，于是

$$I=\int_a^b f(x)\mathrm{d}x=\frac{h}{3}[f(x_0)+4f(x_1)+f(x_2)]=\frac{b-a}{6}\left[f(a)+4f\left(\frac{a+b}{2}\right)+f(b)\right] \tag{6.7}$$

对于$R_2(f)$，无法直接用积分中值定理来估计，也令$x=x_0+th$，得

$$
\begin{aligned}
R_2(f) &= \int_a^b \frac{f^{(3)}(\xi)}{3!}(x-x_0)(x-x_1)(x-x_2)\,\mathrm{d}x \\
&= \int_a^b f(x,x_0,x_1,x_2)(x-x_0)(x-x_1)(x-x_2)\,\mathrm{d}x \\
&= h^4\int_0^2 f(x_0+th,x_0,x_1,x_2)t(t-1)(t-2)\,\mathrm{d}t \\
&= h^4\int_0^2 f(x,x_0,x_1,x_2)\,\mathrm{d}\,\frac{t^2\,(t-2)^2}{4} \\
&= \frac{h^4}{4}f(x,x_0,x_1,x_2)t^2\,(t-2)^2\,\Big|_0^2 - \frac{h^4}{4}\int_0^2 t^2\,(t-2)^2\mathrm{d}f(x_0+th,x_0,x_1,x_2) \\
&= -\frac{h^4}{4}\int_0^2 t^2\,(t-2)^2\,\frac{\mathrm{d}f(x,x_0,x_1,x_2)}{\mathrm{d}x}\frac{\mathrm{d}x}{\mathrm{d}t}\mathrm{d}t \\
&= -\frac{h^4}{4}\int_0^2 t^2\,(t-2)^2 f(x,x,x_0,x_1,x_2)\cdot h\mathrm{d}t \\
&= -\frac{h^5}{4}\int_0^2 \frac{f^{(4)}(\xi)}{4!}t^2\,(t-2)^2\mathrm{d}t
\end{aligned}
$$

其中$\frac{\mathrm{d}f(x,x_0,x_1,x_2)}{\mathrm{d}x}=f(x,x,x_0,x_1,x_2)$是由于

$$
\begin{aligned}
\frac{\mathrm{d}f(x,x_0,x_1,x_2)}{\mathrm{d}x} &= \lim_{x'\to x}\frac{f(x',x_0,x_1,x_2)-f(x,x_0,x_1,x_2)}{x'-x} \\
&= \lim_{x'\to x} f(x',x_0,x_1,x_2) = f(x,x,x_0,x_1,x_2)
\end{aligned}
$$

再利用积分中值定理得$g(t)=t^2\,(t-2)^2>0$，$q(t)=\frac{f^{(4)}(\xi(t))}{4!}$

$$
\begin{aligned}
R_2(f) &= -\frac{h^5}{96}f^{(4)}(\eta)\int_0^2 t^2\,(t-2)^2\mathrm{d}t \\
&= -\frac{h^5}{96}f^{(4)}(\eta)\,\frac{32}{30} \\
&= -\frac{h^5}{90}f^{(4)}(\eta) \\
&= -\frac{(b-a)^5}{2880}f^{(4)}(\eta),\eta\in[a,b]
\end{aligned}
$$

带余项的辛普森公式公式为

$$
I=\int_a^b f(x)\,\mathrm{d}x = \frac{h}{3}[f(x_0)+4f(x_1)+f(x_2)] - \frac{h^5}{90}f^{(4)}(\eta)\quad \left(h=\frac{b-a}{2}\right) \tag{6.8}
$$

辛普森求积公式的误差为

$$
E_2(f) = -\frac{(b-a)^5}{2880}f^{(4)}(\eta),\ \eta\in[a,b] \tag{6.9}
$$

比较辛普森公式和梯形公式的误差项，由于一次函数的二阶导数为0，三次函数的四阶导数为0，因此辛普森公式对不高于三次的多项式积分是准确的，而梯形公式只对线性函数积分准确。

例 6.2　用梯形法则和辛普森求积公式求积分 $I=\int_0^1 \frac{1}{1+x}\mathrm{d}x$ 的近似值。

解：用梯形公式得到

$$I_1(f)=\frac{1}{2}\left(1+\frac{1}{2}\right)=\frac{3}{4}=0.75$$

用辛普森求积公式得到

$$I_2(f)=\frac{1}{6}\left(1+\frac{4}{1+\frac{1}{2}}+\frac{1}{2}\right)=\frac{25}{36}\approx 0.694444$$

6.2.2　复合求积公式

1）复合梯形求积公式

将积分区间 $[a,\ b]$ n 等分，设 $h=(b-a)/n$，则结点为

$$x_k=a+kh, h=\frac{b-a}{n}, k=0,1,\cdots,n$$

在每个子区间 $[x_{k-1}, x_k]$$(k=1,2,\cdots,n)$ 上应用梯形公式，然后相加，那么有

$$\begin{aligned} I &= \int_a^b f(x)\mathrm{d}x = \sum_{k=1}^{n}\int_{x_{k-1}}^{x_k} f(x)\mathrm{d}x \approx \frac{h}{2}\sum_{k=1}^{n}[f(x_{k-1})+f(x_k)] \\ &= \frac{h}{2}\left[f(a)+2\sum_{k=1}^{n-1}f(k)+f(b)\right] \triangleq T(h) \end{aligned} \tag{6.10}$$

式(6.10) 称为**复合梯形求积公式**。

当 $f(x)$ 在 $[a,\ b]$ 内有连续的二阶导数时，复合梯形求积公式的误差推导如下：

在区间 $[x_k,\ x_{k+1}]$ 上梯形公式的误差已知为

$$R_k(f)=-\frac{h^3}{12}f''(\eta_k),\ x_k<\eta_k<x_{k+1} \tag{6.11}$$

所以在区间 $[a,\ b]$ 上复合梯形求积公式的误差为

$$R(f)=\sum_{k=0}^{n-1}R_k(f)=-\frac{h^3}{12}\sum_{k=0}^{n-1}f''(\eta_k)$$

又因为 $f''(x)$ 在 $[a,\ b]$ 上连续，由连续函数介值性知，在 $[a,\ b]$ 内存在一点 η 使

$$\frac{1}{n}\sum_{k=0}^{n-1}f''(\eta_k)=f''(\eta),\ a<\eta<b$$

于是

$$\begin{aligned} R(f) &= -\frac{h^3}{12}nf''(\eta) \\ &= -\frac{(b-a)}{12}h^2f''(\eta),\ a<\eta<b \end{aligned} \tag{6.12}$$

2）复合辛普森求积公式

与复合梯形求积公式类似，可以推导出复合辛普森求积公式。不同之处在于必须将积分区间 $[a,\ b]$ 分为 $n=2m$ 等分，对每个子区间 $[x_{2k},\ x_{2k+2}]$ 采用辛普森求积公式，然后相加，那么有

$$I = \int_a^b f(x)\mathrm{d}x = \sum_{k=0}^{m-1}\int_{x_{2k}}^{x_{2k+2}} f(x)\mathrm{d}x$$

$$\approx \frac{2h}{6}\{[f(a)+4f(x_1)+f(x_2)]+\cdots+[f(x_{n-2})+4f(x_{n-1})+f(x_n)]\} \tag{6.13}$$

$$= \frac{h}{3}\left[f(a)+4\sum_{k=1}^{m}f(x_{2k-1})+2\sum_{k=1}^{m-1}f(x_{2k})+f(b)\right] \triangleq S(h)$$

式(6.13)称为**复合辛普森求积公式**。

当$f(x)$在$[a, b]$内有连续的四阶导数时，复合辛普森求积公式的误差推导如下：

在区间$[x_{2k}, x_{2k+2}]$上辛普森公式的误差已知为

$$R_k(f) = -\frac{(2h)^5}{2880}f^{(4)}(\eta_k),\ x_{2k}<\eta_k<x_{2k+2}$$

所以在区间$[a, b]$上复合辛普森求积公式的误差为

$$R(f) = \sum_{k=0}^{m-1}R_k(f) = -\frac{(2h)^5}{2880}\sum_{k=0}^{m-1}f^{(4)}(\eta_k)$$

又因为$f^{(4)}(x)$在$[a, b]$上连续，由连续函数介值性知，在$[a, b]$内存在一点η使

$$\frac{1}{n}\sum_{k=0}^{m-1}f^{(4)}(\eta_k) = f^{(4)}(\eta),\ a<\eta<b$$

于是

$$R(f) = -\frac{(2h)^5}{2880}mf^{(4)}(\eta) = -\frac{(2h)m}{2880}(2h)^4f^{(4)}(\eta) = -\frac{(b-a)}{2880}(2h)^4f^{(4)}(\eta)$$

$$= -\frac{(b-a)}{180}h^4f^{(4)}(\eta),\ a<\eta<b \tag{6.14}$$

在区间$[a, b]$上，复合辛普森求积公式的误差为式(6.14)。

例6.3 用$n=8$复合梯形求积法则和$n=4$复合辛普森求积法则求积分$I_n=\int_0^1\frac{\sin x}{x}\mathrm{d}x$的近似值。

解：首先计算各节点的函数值，$n=8$时，$h=0.125$，各点函数值见表6.2。

表6.2 函数值

0	0	1.0000000
1	0.125	0.9973978
2	0.25	0.9896158
3	0.375	0.9767267
4	0.5	0.9588510
5	0.625	0.9361556
6	0.75	0.9088516
7	0.875	0.8771925
8	1	0.8414709

由复合梯形求积公式得到

$$T_8 = \frac{1}{16}\left(f(0) + 2\sum_{i=1}^{7} f(x_i) + f(1)\right) = 0.94569081$$

由复合辛普森求积公式得到

$$S_4 = \frac{1}{24}\begin{bmatrix} f(0) + f(1) + 2(f(0.25) + f(0.5) + f(0.75)) \\ +4(f(0.125) + f(0.375) + f(0.625) + f(0.875)) \end{bmatrix} = 0.94608325$$

例 6.4　用复合梯形求积公式和复合辛普森求积公式计算。

$$I = \int_0^1 \frac{xe^x}{(1+x)^2}dx \quad (取 5 位数字计算)$$

解：取 $h = \frac{1-0}{8} = 0.125$，计算结果见表 6.3。

表 6.3　计算结果

x_k	xe^x	$(1+x)^2$	$\frac{xe^x}{(1+x)^2}$	复合梯形求积公式	复合辛普森求积公式
0	0	1	0	1	1
0.125	0.1416	1.2656	0.1119	2	4
0.250	0.3210	1.5625	0.2054	2	2
0.375	0.5456	1.8906	0.2886	2	4
0.500	0.8244	2.2500	0.3664	2	2
0.625	1.1676	2.6406	0.4422	2	4
0.750	1.5878	3.0625	0.5185	2	2
0.875	2.0990	3.5156	0.5971	2	4
1.000	2.7183	4.0000	0.6796	1	1
$\sum$				5.7399	8.6194
I				0.3587	0.3591

实际上，

$$I = \int_0^1 \frac{xe^x}{(1+x)^2}dx = \frac{e^x}{1+x}\bigg|_0^1 = \frac{e}{2} - 1 = 0.3591409\cdots$$

由上表可看出复合辛普森公式较为精确。

6.2.3　外推

假设我们提出一个 n 阶公式 $F(n)$ 来近似给定的量 Q。这里阶的意思是

$$Q \approx F(h) + Kh^n \tag{6.15}$$

这里 K 在我们感兴趣的 h 范围内大致是一个常数。相关的例子是

$$f'(x) = \frac{f(x+h) - f(x-h)}{2h} + \frac{f'''(c_h)}{6}h^2$$

这里我们已经强调未知点 c_h 在 x 和 $x+h$ 之间，但与 h 有关。尽管 c_h 不是常数，但如果函数 f 适当光滑，而且 h 不太大，那么误差系数 $f'''(c_h)/6$ 的值应该离 $f'''(c_h)/6$ 不太远。

在类似这种情形中，可以用一些代数知识使一个 n 阶的公式提高一阶。因为我们知道公式 $F(h)$ 的阶是 n，所以如果取$\frac{h}{2}$代替 h 来使用公式，那么误差应该从 h^n 的常数倍减小到 $\left(\frac{h}{2}\right)^n$ 的常数倍，或者按因子 2^n 缩小。换言之，我们期望

$$Q - F\left(\frac{h}{2}\right) \approx \frac{1}{2^n}(Q - F(h))$$

我们正是依赖 K 大致是常数的假设。注意到从公式 $Q - F\left(\frac{h}{2}\right) \approx \frac{1}{2^n}(Q - F(h))$ 容易解出问题中的量 Q，它给出以下公式：

n 阶公式的外推

$$Q \approx \frac{2^n F(h/2) - F(h)}{2^n - 1} \tag{6.16}$$

这就是对 $F(h)$ 的外推公式。外推有时也称为 Richardson 外推。

6.3 Romberg 积分

Romberg 算法是基于复化梯形公式和外推原理的高精度数值求积算法。

由复化梯形公式及其余项有

$$\int_a^b f(x)\,dx = \frac{h}{2}\left[f(x_0) + 2\sum_{i=1}^{n-1} f(x_i) + f(x_n)\right] - \frac{b-a}{12}h^2 f''(\eta),\ n \in (a,b)$$

其中，

$$h = \frac{b-a}{n},\ n = 1, 2, \cdots$$

$$x_i = a + ih,\ i = 0, 1, \cdots n$$

$$f(x_0) = f(a)$$

$$f(x_n) = f(b)$$

由于 n 与 h 相联系，故积分近似值可记为

$$\varphi(h) = T_n(h) = \frac{h}{2}\left[f(a) + 2\sum_{i=1}^{n-1} f(a + ih) + f(b)\right]$$

事实上可以证明，有

$$\int_a^b f(x)\,dx = T_n(h) + a_2 h^2 + a_4 h^4 + a_6 h^6 + \cdots$$

因此，

$$\int_a^b f(x)\,dx = \frac{h}{2}\left[f(x_0) + 2\sum_{i=1}^{n-1} f(x_i) + f(x_n)\right] - \frac{b-a}{12}h^2 f''(\eta),\ n \in (a,b) \tag{6.17}$$

满足外推原理的条件，不断外推 $T_n(h)$，可以获得求积分 $\int_a^b f(x)\,dx$ 的外推算法，并称为 Romberg 算法。

记 $T(0,0)=\frac{b-a}{2}[f(a)+f(b)]$ 以 $T(n,0)$ 表示 2 等分 n 次后求得的积分近似值，$n=1,2,\cdots$。以 $T(n,k)$ 表示对 $T(n,0)$ 作 K 次外推加速值，$k=1,2,\cdots,n$。将数值求积的 Romberg 算法表示成易于程序设计的形式。

1）令 $h=b-a$；

2）$T(0,0)=\frac{h}{2}[f(a)+f(b)]$；

3）$T(n,0)=\frac{1}{2}T(n-1,0)+\frac{h}{2^n}\sum_{i=1}^{n-1}f\left(a+2(i-1)\frac{h}{2^n}\right), n=1,2,\cdots$；

4）$T(n,k)=\frac{1}{4^k-1}[4^kT(n,k-1)-T(n-1,k-1)], k=1,2,\cdots,n$；

5）如果 $|T(n,n)-T(n-1,n-1)|\leqslant\varepsilon$（精度要求），则停止计算，取 $T(n,n)$ 为近似值。

Romberg 算法代码

```
function r = romberg(f,a,b,n)
h = (b - a). / (2. ^(0:n - 1));
r(1,1) = (b - a)* (f(a) + f(b))/2;
for j = 2:n
  subtotal = 0;
  for i = 1:2^(j - 2)
    subtotal = subtotal + f(a + (2* i - 1)* h(j));
end
r(j,1) = r(j - 1,1)/2 + h(j)* subtotal;
for k = 2:j
    r(j,k) = (4^(k - 1)* r(j,k - 1) - r(j - 1,k - 1))/(4^(k - 1) - 1);
  end
end
```

例 6.5　用 Romberg 积分近似 $\int_2^4 \ln x \mathrm{d}x$。

解：运行上面的代码，结果如下：

```
>>   romberg(inline('log(x)'),2,4,6)

ans =
 Columns 1 through 4
```

2.079441541679836	0	0	0
2.138333059508027	2.157963565450757	0	0
2.153693379938775	2.158813486749025	2.158870148168909	0
2.157582181024081	2.158878448052517	2.158882778806083	2.158882979292387
2.158557636609627	2.158882788471476	2.158883077832740	2.158883082579195
2.158801707785825	2.158883064844557	2.158883083269430	2.158883083355726

```
Columns 5 through 6

                0                    0
                0                    0
                0                    0
                0                    0
  2.158883082984242                  0
  2.158883083358771  2.158883083359138
```

例 6.6 用 Romberg 积分近似 $\int_0^4 \frac{x}{\sqrt{x^2+9}}\mathrm{d}x$。

解：运行上面的代码，结果如下：

```
>>    f = @ (x)x/(x^2 +9)^0.5;
>>    romberg(f,0,4,5)
ans =
 Columns 1 through 4
  1.600000000000000                  0                  0                  0
  1.909400392450458  2.012533856600611                  0                  0
  1.978034743428615  2.000912860421333  2.000138127342715                  0
  1.994544164131853  2.000047304366266  1.999989600629262  1.999987243062381
  1.998638181470279  2.000002853916421  1.999999890553098  2.000000053885223
Columns 5
                0
                0
                0
                0
  2.000000104123743
```

应用实例

MATLAB 中主要用 int 进行符号积分，用 trapz，dblquad，quad，quad8 等进行数值积分。

int(s)：符号表达式 s 的不定积分，int(s, x)：符号表达式 s 关于变量 x 的不定积分，int(s, a, b)：符号表达式 s 的定积分，a，b 分别为积分的上、下限 int(s, x, a, b)：符号表达式 s 关于变量 x 的定积分，a，b 分别为积分的上、下限 trapz(x, y) 梯形积分法，x 是表示积分区间的离散化向量，y 是与 x 同维数的向量，表示被积函数，z 返回积分值。quad8 ('fun', a, b, tol) 变步长数值积分，fun 表示被积函数的 M 函数名，a，b 分别为积分上、下限，tol 为精度，缺省值为 1e－3。dblquad('fun', a, b, c, d) 矩形区域二重数值积分，

fun 表示被积函数的 M 函数名，a，b 分别为 x 的上、下限，c，d 分别为 y 的上、下限。

例 6.7 计算二重积分。

解： 先编写四个 M 函数文件。

```
% 其中 f_name 为被积函数字符串,'c_lo'和'd_hi'是 y 的下限和上限函数,都是 x 的标量
函数;a,b 分别为 x 的下限和上限;m,n 分别为 x 和 y 方向上的等分数(缺省值为 100)。

% 二重积分算法文件 dblquad2.m
function S = dblquad2(f_name,a,b,c_lo,d_hi,m,n)
% 其中 f_name 为被积函数字符串,'c_lo'和'd_hi'是 y 的下限和上限函数,都是 x 的标量
函数;
if nargin <7,n =100;end
if nargin <6,m =100;end
if m<2 || n<2
error('Numner of int ervalsinvalid');
end
mpt = m +1;hx = (b - a)/m;x = a + (0:m)* hx;
for i =1:mpt
ylo = feval(c_lo,x(i));yhi = feval(d_hi,x(i));
hy = (yhi - ylo)/n;
for k =1:n +1 y(i,k) = ylo + (k - 1)* hy;f(i,k) = feval(f_name,x(i),y(i,
k));end
G(i) =trapz(y(i,:),f(i,:));
end
S =trapz(x,G);
end

% 被积函数 eg3_fun.m
function z = eg3_fun(x,y)
        z =2 +2* x +3* y;
end

% 积分下限函数 eg3_low.m
function y = eg3_low(x)
        y = - sqrt(1 + x^3);
end

% 积分上限函数 eg3_up.m
function y = eg3_up(x)
  y = sqrt(1 - x^3);
end
```

保存后，在命令窗口用 MATLAB 代码：

```
>>clear;
>>dblquad2('eg3_fun', -1,1,'eg3_low','eg3_up')
```

结果为

```
ans =6.9280
>> clear;
>> dblquad2('eg3_fun',-1,1,'eg3_low','eg3_up')
ans =
    6.9280
```

为了得到更精确的数值解，需将区间更细化，比如将 x 和 y 方向等分为 1000 分，MATLAB 代码为：

```
>>clear;  dblquad2('eg3_fun',-1,1,'eg3_low','eg3_up',1000,1000)
```

结果为

```
ans =6.9361

>> dblquad2('eg3_fun',-1,1,'eg3_low','eg3_up',1000,1000)
ans =
    6.9361
```

例 6.8 用 quad 计算定积分。

解：运行程序

```
% M 函数 fun1.m
function y=fun1(x)
y=x.^4;
end
```

保存后，在命令窗口用 MATLAB 代码：

```
>>clear;
>>quad ('fun1',-3,3)
>>vpa(quad ('fun1',-3,3),10)   % 以 10 位有效数字显示结果,
```

结果为：

```
ans =97.2000
ans =97.20000000
>> clear;
>> quad ('fun1',-3,3)
ans =
    97.2000
>> vpa (quad('fun1',-3,3),10)  % 以 10 位有效数字显示结果
```

```
ans =

97.2
```

对于变步长数值积分，常用的有 quad，quad8 两种命令。quad 使用自适应步长 Simpson 法，quad8 使用自适应步长 8 阶 Newton - Cotes 法。

例 6.9　用梯形公式求积分

$$\int_0^{1000} \sqrt{1 + 4\cos^2 x}\,dx$$

解：用梯形公式计算积分的代码如下：

```
clear;
x = linspace(0,1000,5);
[m n] = size(x);% n 为节点数
y = sqrt(1 +4cos(x).^2);
h = (max(x) -min(x))/(n -1);% 步长
f = zeros(n,1);
for i =1:n
    f(i) =y(i);
end
I = (0.5* f(1) +sum(f(2:n -1)) +0.5* f(n))* h;% 梯形公式
disp(I);
  1.2115e +003
```

例 6.10　求积分 $\int_0^1 e^{-x}dx$。

解：本题代码如下：

```
>>    x = linspace(0,1,3)% 三个节点
[m n] = size(x);
y = exp( -x);
h = (max(x) -min(x))/(n -1);
f = zeros(n,1);
for i =1:n
    f(i) =y(i);
end
I = (f(1) +4* (f(2:n -1)) +f(n))* h/3;% 辛普森公式
disp(I);
x =

          0    0.5000    1.0000

    0.6323
```

即 $I = 0.6323$。

例 6.11 分别用复合梯形公式和复合辛普森公式计算积分

$$\int_0^1 \frac{x}{4+x^2}\mathrm{d}x$$

解： 用复合梯形公式计算积分的代码如下：

```
>>   n=8;% 节点总数
x=linspace(0,1,n)
y=x./(4+(x).^2);
h=(max(x)-min(x))/(n-1);
f(1:n)=y(1:n);
I=(f(1)+2* sum(2:n-1))+f(n))* h/2;% 复合梯形公式
disp(I);

x=

     0   0.1429   0.2857   0.4286   0.5714   0.7143   0.8571   1.0000

  0.114
```

即 $I=0.1114$。

用复合辛普森公式计算积分的代码如下：

```
>>   nn=5;% 节点总数
n=2* nn+1;
x=linspace(0,1,n)
y=x./(4+(x).^2);
h=(max(x)-min(x))/(n-1);
f(1:n)=y(1:n);
I=(f(1)+4* sum(f(2:2:n-1))+2* sum(f(3:2:n-1))+f(n))* h/3;% 复合辛普森公式
disp(I);

x=

  Columns 1 through 10

0   0.1000   0.2000   0.3000  0.4000  0.5000  0.6000  0.7000

  Column 11

  1.0000

  0.1116
```

即 $I=0.1116$。

1. Romberg 积分法 MATLAB 程序代码

```
function [I,step] = Romberg(f,a,b,eps)
if(nargin ==3)
eps =1.0e -4;
end;
M =1;
tol =10;
k =0;
T =zeros(1,1);
h =b - a;
T(1,1) = (h/2)* (subs(sym(f),findsym(sym(f)),a) + subs(sym(f),findsym
(sym(f)),b));
whiletol >eps
k =k +1;
h =h/2;
Q =0;
for i =1:M
 x =a +h* (2* i -1);
Q =Q + subs(sym(f),findsym(sym(f)),x);
end
T(k +1,1) =T(k,1)/2 +h* Q;
M =2* M;
for j =1:k
T(k +1,j +1) =T(k +1,j) + (T(k +1,j) - T(k,j))/(4^j -1);
end
tol =abs(T(k +1,j +1) - T(k,j));
end
I =T(k +1,k +1);
step =k;
```

2. 自适应法求积分 MATLAB 程序代码

```
function I = SmartSimpson(f,a,b,eps)
if(nargin ==3)
eps =1.0e -4;
end;
e =5* eps;
I = SubSmartSimpson(f,a,b,e);
function q = SubSmartSimpson(f,a,b,eps)
QA = IntSimpson(f,a,b,1,eps);
QLeft = IntSimpson(f,a,(a +b)/2,1,eps);
```

```
QRight = IntSimpson(f,(a+b)/2,b,1,eps);
if(abs(QLeft + QRight - QA) <= eps)
q = QA;
else
q = SubSmartSimpson(f,a,(a+b)/2,eps) + SubSmartSimpson(f,(a+b)/2,b,eps);
end
```

3. 线性振动响应分析的 wilson θ 积分法 MATLAB 代码

```
% see also http://www.matlabsky.com
% contact me matlabsky@gmail.com
%
clc
clear
% 结构运动方程参数
M=1500000;
K=3700000;
C=470000;
% 威尔逊参数 θ
theta=1.4;
dt=0.02; % 时间间隔
tau=dt*theta;
% 数据处理
eqd=load('acc_ElCentro_0.34g_0.02s.txt'); % 加速激励,第一列是时间,第二列是加速度
n=size(eqd,1);
t=0:dt:(n-1)*dt;
xg=eqd(:,2)*9.8; % 对加速度进行处理
dxg=diff(xg)*theta; %
F=-M*xg;
% D2x 加速度;Dx 速度; x 位移
D2x=zeros(n,1);
Dx=zeros(n,1);
x=zeros(n,1);
for i=1:n-1
K_ba=K+3/tau*C+6/tau^2*M;
dF_ba=-M*dxg(i)+(M*6/tau+3*C)*Dx(i)+(3*M+tau/2*C)*D2x(i);
dx=dF_ba/K_ba;
    dD2x=(dx*6/tau^2-Dx(i)*6/tau-3*D2x(i))/theta;
D2x(i+1)=D2x(i)+dD2x;
Dx(i+1)=Dx(i)+D2x(i)*dt+dD2x/2*dt;
```

```
    x(i+1)=x(i)+Dx(i)* dt+D2x(i)* dt^2/2+dD2x/6* dt^2;
end
subplot(311)
plot(t,x)% 位移
subplot(312)
plot(t,Dx)% 速度
subplot(313)
plot(t,D2x)% 加速度
```

习　题

1. 取 $h=0.1$，用三点中心差分公式近似 $f(x)=\frac{1}{x}$ 在 $x=2$ 处的导数。

2. 用两点前向差分公式近似 $f'\left(\frac{\pi}{3}\right)$，这里 $f(x)=\sin x$，并求出近似误差。

(a) $h=0.1$；　　(b) $h=0.01$；　　(c) $h=0.001$。

3. 用对二阶导数的三点中心差分公式来近似 $f''(1)$，这里 $f(x)=x^{-1}$，

(a) $h=0.1$；　　(b) $h=0.01$；　　(c) $h=0.001$。

求出近似误差。

4. 用梯形法则和辛普森求积公式求积分 $\int_0^1 e^{-x}dx$ 的近似值。

5. 分别用复合梯形求积法则和复合辛普森求积法则求积分 $\int_0^1 \frac{x}{4+x^2}dx$ $(n=8)$ 的近似值。

6. 分别用复合梯形求积法则和复合辛普森求积法则求积分 $\int_1^9 \sqrt{x}dx$ $(n=4)$ 的近似值。

第 7 章　常微分方程

在工程和科学技术领域中，常微分方程的应用是相当广泛的。大家在学习基础微积分时，应已涉及一些简单的常微分方程的解法，但对于大多数常微分方程而言，求解析解是非常困难的，尤其是对于非线性常微分方程来说。例如下面这个“貌似简单”的单摆问题。

设有单摆如图 7.1 所示，摆动角 θ 是时间 t 的函数，满足二阶常微分方程 $\ddot{\theta}+\frac{g}{l}\sin\theta=0$。当 θ 很小时，用 $\sin\theta\approx\theta$ 将方程简化，得到 $\ddot{\theta}+\frac{g}{l}\theta=0$。这是一个简单的线性常微分方程，可以求出解析解。然而，当 θ 并不很小时，这样的近似就不能满足实际需要了，必须回到原始的非线性方程上去。要想知道解函数 $\theta(t)$ 的情况，必须借助数值方法，这就是本章将要介绍的主题。

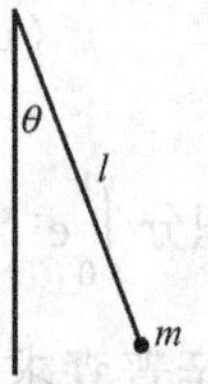

图 7.1　单摆模型

让我们先从最简单的一阶常微分方程的初值问题

$$\begin{cases}\dfrac{dy}{dx}=f(x,y), & x\in[a,b]\\ y(a)=y_0\end{cases}\tag{7.1}$$

出发开始讨论。

由常微分方程理论可知，只要 $f(x,y)$ 在 $[a,b]\times\mathbf{R}^1$ 上连续，且关于 y 满足 Lipschitz 条件，即存在与 x，y 无关的常数 L 使

$$|f(x,y_1)-f(x,y_2)|\leqslant L|y_1-y_2|$$

对任意定义在 $[a,b]$ 上的 $y_1(x)$ 和 $y_2(x)$ 都成立，则式(7.1) 存在唯一解。如果没有特殊声明，那么假设下面的分析均满足上述条件。

我们的目标是计算出解函数 $y(x)$ 在一系列节点 $a=x_0<x_1<\cdots<x_n=b$ 处的近似值 $y_i\approx y(x_i)(i=1,2,\cdots n)$，即所谓“数值解”。

节点间距 $h_i=x_{i+1}-x_i(i=0,1,\cdots n-1)$ 为步长，通常采用等距节点，即取 $h=h_i$（常数）。

7.1　初值问题

7.1.1　基本形式

讨论“初值问题”，通常集中于讨论“1 阶初值问题”。

$$\begin{cases}\dfrac{\mathrm{d}y}{\mathrm{d}x}=f(x,y)\\ y\big|_{x=x_0}=y_0\end{cases}$$

这就是初值问题的基本形式,因为任何高阶方程或方程组的初值问题。经过适当的变换都可以化为 1 阶方程组的初值问题。

7.1.2　数值问题与数值解

1）对初值问题$\begin{cases}\dfrac{\mathrm{d}y}{\mathrm{d}x}=f(x,y)\\ y\big|_{x=x_0}=y_0\end{cases}$

求其 $y=y(x)$，即求满足问题$\begin{cases}\dfrac{\mathrm{d}y}{\mathrm{d}x}=f(x,\ y)\\ y\big|_{x=x_0}=y_0\end{cases}$且用解析式表示的连续函数 $y=y(x)$，它称为**解析解**。

2）对初值问题$\begin{cases}\dfrac{\mathrm{d}y}{\mathrm{d}x}=f(x,\ y)\\ y\big|_{x=x_0}=y_0\end{cases}$求其解析解 $y(x)$ 在指定的离散点 x_i（或指定步长）处的值 $y(x_i)$ 的近似值（通常记为 y_i），它称为**数值解**。

7.2　初值问题的 Euler 方法、局部截断误差

下面来研究数值解法：给定步长 h，以及$\begin{cases}y'=f(x,y)\\ y(x_0)=y_0\end{cases}$ $(x_0<x)$，其中，$f(x,\ y)$ 为 x，y 的已知连续函数，y_0 为给定的初始值，方程右边关于 x 的定义区间可能是开区间或闭区间。

7.2.1　Euler 方法

Euler 方法是一种求解初值问题$\begin{cases}y'=f(x,y)\\ y(x_0)=y_0\end{cases}$ $(x_0<x)$ 的最简单，最基本的数值方法。

我们先考虑 Taylor 展开法来推导初值问题。

$$\begin{cases}y'=f(x,y)\\ y(x_0)=y_0\end{cases}\quad (x_0<x)$$

在已取定的 $x_n(n=0, 1, \cdots)$ 处 Taylor 展开

$$y(x_{n+1})=y(x_n)+y'(x_n)h+\frac{y''(x_n)}{2!}h^2+O(h^3)$$

略去 h^2 以上的项，并分别用 y_n，y_{n+1} 近似表示 $y(x_n)$，$y(x_{n+1})$，且根据方程可知，$y'(x_n)=f(x_n,y(x_n))\approx f(x_n,y_n)$，于是得到近似公式

$$y_{n+1}=y_n+hf(x_n,y_n)\quad (n=0,1,\cdots) \tag{7.2}$$

这就使得从 x_0 和初值 $y(x_0)=y_0$ 出发，用式 $y_{n+1}=y_n+hf(x_n,y_n)(n=0,1,\cdots)$ 可得 $y(x_1)$ 的近似值 y_1，再由 x_1，y_1 用式 $y_{n+1}=y_n+hf(x_n,y_n)(n=0,1,\cdots)$ 可得 $y(x_2)$ 的近似值 $y_2,\cdots$。如此继续，即可得到初值问题在点 x_1，x_2，…处的解的近似值，称为 Euler 公式，它是一种迭代公式，也是一种差分公式。

Euler 方法的几何意义如图 7.2 所示。该图可以解释为从（x_0，y_0）点出发，沿该点切线到达（x_1，y_1）点，再沿以 f（x_1，y_1）为斜率的直线到达（x_2，y_2）点，以此类推，从（x_i，y_i）点沿斜率为 f（x_i，y_i）到达（x_{i+1}，y_{i+1}），最终到达（x_n，y_n），因此该方法也叫作 Euler 折线法。

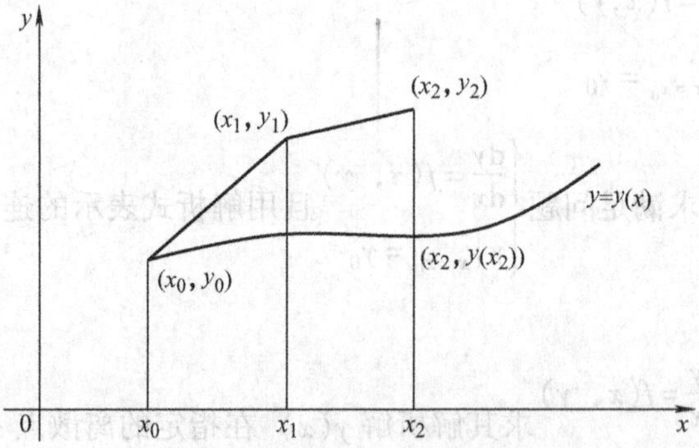

图 7.2　Euler 方法的几何意义

7.2.2　局部截断误差

为了分析算法的精度，我们引入局部截断误差的概念。

定义 7.1　在假设 $y_i=y(x_i)$，即第 i 步计算是精确的前提下，将 $R_i=y(x_{n+1})-y_{n+1}$ 成为局部截断误差。

定义 7.2　若某算法的局部截断误差为 $O(h^{p+1})$，则称该算法有 p 阶精度。

欧拉法的局部截断误差可通过泰勒展开分析得到

$$\begin{aligned}R_i&=y(x_{n+1})-y_{n+1}\\&=\left[y(x_n)+hy'(x_n)+\frac{h^2}{2}y''(x_n)+O(h^3)\right]-[y_n+hf(x_i,y_i)]\end{aligned}$$

因为 $y_i=y(x_i)$，$y'(x_i)=f(x_i,y(x_i))=f(x_i,y_i)$

所以 $R_i=\frac{h^2}{2}y''(x_i)+O(h^3)=O(h^2)$，即 Euler 方法是一阶精度的。其中 $\frac{h^2}{2}y''(x_i)$ 称为 R_i 的主项。

例 7.1 用 Euler 方法及步长 $h=0.1$，求解初值问题。

$$\begin{cases} y' = x^3 + y^3 + 1 \\ y(0) = 0 \end{cases} \quad (0 \leqslant x \leqslant 0.8)$$

计算结果保留小数点后六位。

解：因为 $f(x,y) = x^3 + y^3 + 1$，$x_n = nh = 0.1n$（$n = 0, 1, \cdots, 8$），$y_0 = 0$。由 Euler 公式计算可得

$$y(0.1) \approx y_1 = y_0 + h(x_0^3 + y_0^3 + 1) = 0.100000$$

$$y(0.2) \approx y_2 = y_1 + h(x_1^3 + y_1^3 + 1) = 0.200200$$

$$y(0.3) \approx y_3 = y_2 + h(x_2^3 + y_2^3 + 1) = 0.301802$$

$$y(0.4) \approx y_4 = y_3 + h(x_3^3 + y_3^3 + 1) = 0.407249$$

$$y(0.5) \approx y_5 = y_4 + h(x_4^3 + y_4^3 + 1) = 0.520403$$

$$y(0.6) \approx y_6 = y_5 + h(x_5^3 + y_5^3 + 1) = 0.646995$$

$$y(0.7) \approx y_7 = y_6 + h(x_6^3 + y_6^3 + 1) = 0.795680$$

$$y(0.8) \approx y_8 = y_7 + h(x_7^3 + y_7^3 + 1) = 0.980355$$

例 7.2 编写程序，用 Euler 方法及步长 $h=0.1$，求解初值问题。

$$\begin{cases} y' = ty + t^3 + 1 \\ y(0) = 1 \end{cases} \quad (0 \leqslant t \leqslant 1)$$

解：编写 euler.m 文件

```
function [t,y] = euler(inter,y0,h)
t(1) = inter(1); y(1) = y0;
n = round((inter(2) - inter(1))/h);
for i = 1:n
t(i+1) = t(i) + h;
y(i+1) = eulerstep(t(i),y(i),h);
end
y'
plot(t,y)
function y = eulerstep(t,y,h)
% one step of Euler's Method
% Input: current time t, current value y, stepsize h
% Output: approtimate solution value at time t + h
y = y + h* ydot(t,y);

function z = ydot(t,y)
% right - hand side of differential equation
z = t* y + t^3 + 1;
```

在命令窗口输入

```
>>euler([0 1],1,0.1)
```

得到结果如下

```
ans =
    1.000000000000000
    1.100000000000000
    1.211100000000000
    1.336122000000000
    1.478905660000000
    1.644461886400000
    1.839184980720000
    2.071136079563200
    2.350415605132624
    2.689648853543234
    3.104617250362125
```

并得到微分方程图像如图 7.3 所示。

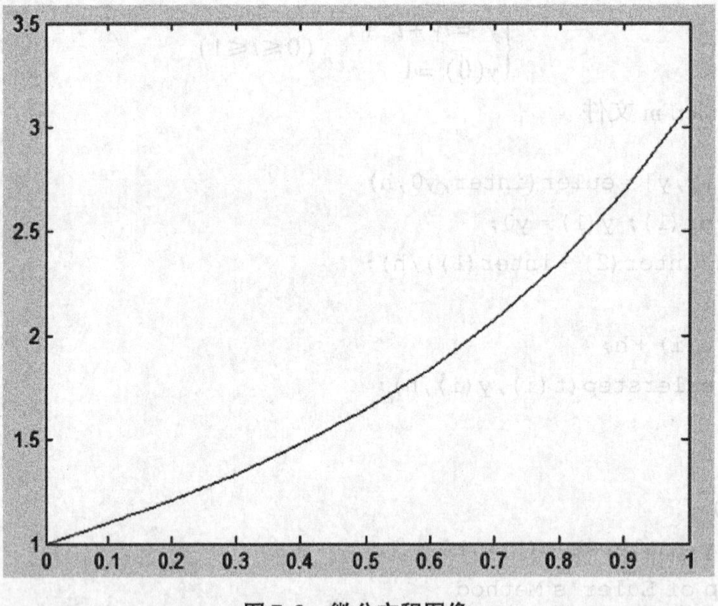

图 7.3 微分方程图像

7.2.3 隐式 Euler 公式、梯形公式

1. 隐式 Euler 公式

讨论求解初值问题$\begin{cases} y' = f(x, y) \\ y(x_0) = y_0 \end{cases}$ $(x_0 < x)$ 的其他方法。

将泰勒展开式应用于 x_1 点，可以得到后插型的离散公式

$$y'(x_1)\approx\frac{y(x_1)-y(x_0)}{h}\Rightarrow y(x_1)\approx y_0+hf(x_1,y(x_1))$$

与 Euler 法相似，可据此得到差分格式

$$y_{n+1}=y_n+hf(x_{n+1},y_{n+1})\quad(n=0,1,\cdots)\tag{7.3}$$

我们将上式叫作**隐式 Euler 公式**；而将 $y_{n+1}=y_n+hf(x_n,\ y_n)(n=0,\ 1,\ \cdots)$ 称为**显式 Euler 公式**；由于未知数 y_{n+1} 同时出现在等式两边，不能直接求出 y_{n+1}，所以称为隐式 Euler 公式，隐式格式应用起来比较麻烦，一般先用显示公式计算一个初值 $y_{n+1}^{(0)}$，再用迭代法计算 $y_{n+1}^{(k+1)}=y_n+hf(x_{n+1},\ y_{n+1}^{(k)})$。

隐式 Euler 公式的局部截断误差为

$$\begin{aligned}R_i&=y(x_{n+1})-y_{n+1}\\&=\left[y(x_n)+hy'(x_n)+\frac{h^2}{2}y''(x_n)+O(h^3)\right]-[y_n+hf(x_{n+1},y_{n+1})]\end{aligned}$$

将 $f(x_{n+1},\ y_{n+1})$ 在 $(x_{n+1},\ y(x_{n+1}))$ 点做泰勒展开

$$f(x_{n+1},y_{n+1})=f(x_{n+1},y(x_{n+1}))+f_y(x_{i+1},\eta_i)\cdot(y_{n+1}-y(x_{n+1}))$$

其中 η_i 在 y_{n+1} 于 $y(x_{n+1})$ 之间

$y'(x_{i+1})$ 在点 x_i 做泰勒展开

$$f(x_{n+1},y(x_{n+1}))=y'(x_{n+1})=y'(x_n)+hy''(x_i)+\frac{h^2}{2}y'''(x_i)+\cdots$$

$$f(x_{n+1},y_{n+1})=f_y(x_{i+1},\eta_i)\cdot(y_{n+1}-y(x_{n+1}))+y'(x_n)+hy''(x_i)+O(h^2)$$

又因为 $y_i=y(x_i)$，得到误差为

$$\begin{aligned}R&=y(x_{n+1})-y_{n+1}\\&=\left[y(x_n)+hy'(x_n)+\frac{h^2}{2}y''(x_n)+O(h^3)\right]\\&\quad-[y(x_n)+hf_y(x_{n+1},\eta_n)(y_{n+1}-y(x_{n+1}))+hy'(x_n)+h^2y''(x_n)+O(h^3)]\\&=-hf_y(x_{n+1},\eta_n)(y_{n+1}-y(x_{n+1}))-\frac{h^2}{2}y''(x_n)+O(h^3)\end{aligned}$$

$$[1-hf_y(x_{n+1},\eta_n)]\,[y(x_{n+1})-y_{n+1}]=-\frac{h^2}{2}y''(x_n)+O(h^3)$$

$$\left[\frac{1}{1-hf_y(x_{n+1},\eta_n)}\right]=1+hf_y(x_{n+1},\eta_n)+h^2f_y^2(x_{n+1},\eta_n)+\cdots=1+O(h^3)$$

$$\begin{aligned}R&=y(x_{n+1})-y_{n+1}\\&=\left[\frac{1}{1-hf_y(x_{n+1},\eta_n)}\right]\\&=[1+O(h)]\left[-\frac{h^2}{2}y''(x_n)+O(h^3)\right]\\&=-\frac{h^2}{2}y''(x_n)+O(h^3)\end{aligned}$$

即隐式 Euler 公式具有一阶精度。

隐式 Euler 方法的几何意义如图 7.4 所示。

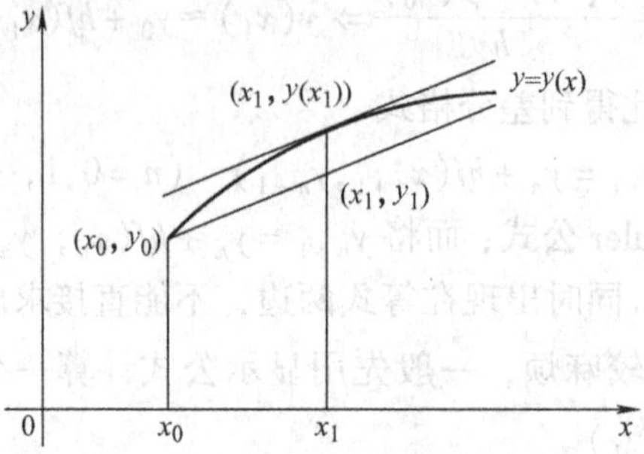

图 7.4 隐式 Euler 方法的几何意义

可以解释为：从（x_0，y_0）点出发，沿与（x_1，$y(x_1)$）点的切线平行的直线到达（x_1，y_1），再以此类推。

2. 梯形法则

把显式和隐式做算术平均则得

$$y_{n+1} = y_n + \frac{h}{2}[f(x_n, y_n) + f(x_{n+1}, y_{n+1})]\ (n = 0, 1, \cdots) \tag{7.4}$$

这称为梯形公式。

分析梯形公式的局部截断误差时注意到，将 $y' = f(x, y)$ 在区间 $[x_i, x_{i+1}]$ 上积分，得到

$$y(x_{i+1}) - y(x_i) = \int_{x_i}^{x_{i+1}} f(x, y)\,\mathrm{d}x$$

而

$$\int_{x_i}^{x_{i+1}} f(x, y)\,\mathrm{d}x = \frac{h}{2}[f(x_i, y_i) + f(x_{i+1}, y(x_{i+1}))] - \frac{h^3}{12} \cdot \left.\frac{\mathrm{d}^2 f}{\mathrm{d}x^2}\right|_{x = \eta_i} \quad (\eta_i \in (x_i, x_{i+1}))$$

这正是之前介绍过的计算数值积分的梯形公式，由此我们可以得到梯形公式的局部截断误差为

$$\begin{aligned} R_i &= y(x_{n+1}) - y_{n+1} \\ &= \int_{x_i}^{x_{i+1}} f(x, y)\,\mathrm{d}x - \frac{h}{2}[f(x_n, y_n) + f(x_{n+1}, y_{n+1})] \\ &= \frac{h}{2}[f(x_{n+1}, y(x_{n+1})) - f(x_{n+1}, y_{n+1})] - \frac{h^3}{12} y'''(\eta_i) \end{aligned}$$

与隐式 Euler 公式的截断误差分析方法类似，可以得到 $R_i = O(h^3)$，即梯形公式具有二阶精度，比 Euler 方法有进步。并且该公式为隐式格式，计算时必须要用到迭代法，其迭代的收敛性与隐式 Euler 相似。

7.2.4 改进的 Euler 公式

从梯形公式的迭代设想，若用一次迭代取代多次迭代，效果会如何？即先对节点函数值用显式欧拉公式作预测，算出 $\bar{y}_{n+1} = y_n + hf(x_n, y_n)\,(n = 0, 1, \cdots)$，再将 $\bar{y}_{n+1}$ 代入梯形公式的

右边作校正，得到 $y_{n+1}=y_n+\frac{h}{2}[f(x_n,y_n)+f(x_{n+1},\bar{y}_{n+1})]$，这就是改进 Euler 法，也称作预估-校正法。

改进的 Euler 公式

$$\begin{cases}\bar{y}_{n+1}=y_n+hf(x_n,y_n) & \text{（预估）}\\ y_{n+1}=y_n+\frac{h}{2}[f(x_n,y_n)+f(x_{n+1},\bar{y}_{n+1})] & \text{（校正）}\end{cases} \tag{7.5}$$

或者写成

$$\begin{cases}y_{n+1}=y_n+\frac{1}{2}(k_1+k_2)\\ k_1=hf(x_n,y_n)\\ k_2=hf(x_n+h,y_n+k_1)\end{cases} \tag{7.6}$$

目的是为了使用较高精度的梯形公式。

例 7.3　设初值问题

$$\begin{cases}\frac{dy}{dx}=y-\frac{2x}{y} & (x\in[0,1])\\ y(0)=1\end{cases}$$

试用改进的 Euler 法求解，并与精确解 $y=\sqrt{1+2x}$ 进行比较。

解： 改进的 Euler 法

$$\begin{cases}y_{n+1}=y_n+\frac{1}{2}(k_1+k_2)\\ k_1=0.1\left(y_n-\frac{2x_n}{y_n}\right) & (n=0,1,2,\cdots,10)\\ k_2=0.1\left(y_n+k_1-\frac{2(x_n+0.1)}{y_n+k_1}\right)\end{cases}$$

计算结果见表 7.1。

表 7.1　例 7.3 计算结果

x	改进的 Euler 法	精确解 $y=\sqrt{1+2x}$
0	1.000000	1.000000
0.1	1.095909	1.095445
0.2	1.184097	1.183216
0.3	1.266201	1.264911
0.4	1.343360	1.341641
0.5	1.416402	1.414214
0.6	1.485956	1.483240
0.7	1.552514	1.549193
0.8	1.616475	1.612452
0.9	1.678166	1.673320
1.0	1.737867	1.732051

7.2.5 单步法的局部截断误差和整体截断误差

用单步法做计算时，从 x_0 开始，每一步都有误差，直至 x_n 累计有误差 $e_n = y(x_n) - y_n$，这种方法称为在 x_n 点的整体截断误差，计算分析它都较为复杂，我们通常仅考虑从 x_n 到 x_{n+1} 这一步的局部情况，而把 x_n 之前的计算看成无误差，即令 $y_n = y(x_n)$，称

$$\begin{cases} y_n = y(x_n) \\ e_{n+1} = y(x_{n+1}) - y_{n+1} \end{cases}$$

为单步法在 x_{n+1} 处的局部截断误差。

7.2.6 Euler 公式的局部截断误差

(1) 对显式 Euler 公式，按照下式的意义 $\begin{cases} y_n = y(x_n) \\ e_{n+1} = y(x_{n+1}) - y_{n+1} \end{cases}$

由展开式

$$y(x_{n+1}) = y(x_n) + y'(x_n)h + \frac{y''(x_n)}{2!}h^2 + O(h^3)$$

两边减去公式 $y_{n+1} = y_n + hf(x_n, y_n)(n = 0, 1, \cdots)$

并考虑式 $\begin{cases} y_n = y(x_n) \\ e_{n+1} = y(x_{n+1}) - y_{n+1} \end{cases}$ 中的 $y_n = y(x_n)$，从而

$$y'(x_n) = f(x_n, y(x_n)) = f(x_n, y_n)$$

于是可得显式 Euler 公式的局部截断误差 $T_{n+1} = \frac{1}{2}y''(x_n)h^2 + O(h^3)$。

(2) 对隐式 Euler 公式

$$T_{n+1} = -\frac{1}{2}y''(x_n)h^2 + O(h^3)$$

(3) 对梯形公式

$$T_{n+1} = -\frac{1}{2}y^{(3)}(x_n)h^3 + O(h^4)$$

7.2.7 初值问题解的存在唯一性与 Lipschitz 条件

定理 7.1 设 $\begin{cases} y' = f(x, y) \\ y(x_0) = y_0 \end{cases}$ 中的 $f(x, y)$ 是在 $D = \{(x, y) \mid a \leqslant x \leqslant b, y \in \mathbf{R}\}$ 上的连续函数，又 $f(x, y)$ 关于 y 满足 Lipschitz 条件，即存在与 y_1，y_2 无关的常数 $L > 0$，使得 $|f(x, y_1) - f(x, y_2)| \leqslant L|y_1 - y_2|$ 成立，则 $\forall x_0 \in [a, b]$，$y_0 \in \mathbf{R}$，初值问题的解存在性，唯一，连续可微且连续依赖于初始条件。

7.3 常微分方程组

7.3.1 一阶方程组

微分方程组的阶（order）指的是方程中出现的最高阶导数，一阶方程组有形式

$$\begin{cases} y_1'(x) = f_1(x, y_1, y_2, \cdots, y_m) \\ y_2'(x) = f_2(x, y_1, y_2, \cdots, y_m) \\ \vdots \\ y_m'(x) = f_m(x, y_1, y_2, \cdots, y_m) \end{cases}$$
$$a \leqslant x \leqslant b$$

初值为

$$\begin{cases} y_1(a) = s_1 \\ y_2(a) = s_2 \\ \vdots \\ y_m(a) = s_m \end{cases}$$

引进向量记号如下

$$y'(x) = (y_1'(x), y_2'(x), \cdots, y_m'(x))^{\mathrm{T}}$$
$$f(x, y) = (f_1(x, y), f_2(x, y), \cdots, f_m(x, y))^{\mathrm{T}}$$
$$s = (s_1, s_2, \cdots, s_m)^{\mathrm{T}}$$
$$y(x) = (y_1(x), y_2(x), \cdots, y_m(x))^{\mathrm{T}}$$

因此一阶方程组可以写成以下形式

$$\begin{cases} y'(x) = f(x, y(x)) \\ y(a) = s \end{cases}$$

它在形式上与一阶微分方程初值问题有类似的形式，只是函数变成了向量函数，从而，前面的各种数值方法都可以推广到上式，方法是把函数换成向量函数。例如，Euler 方法可以写为

$$y_{n+1} = y_n + hf(x_n, y_n)$$

其中

$$\begin{aligned} y_n &= (y_{1n}, y_{2n}, \cdots, y_{mn})^{\mathrm{T}} \approx y(x_n) \\ &= (y_1(x_n), y_2(x_n), \cdots, y_m(x_n))^{\mathrm{T}} \end{aligned}$$

例 7.4 用欧拉方法解一阶方程组初值问题

$$\begin{cases} y_1'(x) = y_1(x) + y_2(x) \\ y_2'(x) = -y_1(x) + y_2(x) \\ y_1(0) = 1 \\ y_2(0) = 0 \end{cases}$$

其中，$0\leqslant x\leqslant 1$，$h=0.25$。

解：应用公式

$w_{0,1}=1$，$w_{0,2}=0$

$$\begin{cases} w_{i+1,1}=w_{i,1}+h(w_{i,1}+w_{i,2}) \\ w_{i+1,2}=w_{i,2}+h(-w_{i,1}+w_{i,2}) \end{cases}$$

$$w_{1,1}=w_{0,1}+0.25(w_{0,1}+w_{0,2})=1+0.25\times(1+0)=1.25$$

$$w_{1,2}=w_{0,2}+0.25(-w_{0,1}+w_{0,2})=0+0.25\times(-1+0)=-0.25$$

$$w_{2,1}=w_{1,1}+0.25(w_{1,1}+w_{1,2})=1.25+0.25\times(1.25-0.25)=1.5$$

$$w_{2,2}=w_{1,2}+0.25(-w_{1,1}+w_{1,2})=-0.25+0.25\times(-1.25-0.25)=-0.625$$

$$w_{3,1}=w_{2,1}+0.25(w_{2,1}+w_{2,2})=1.5+0.25\times(1.5-0.625)=1.71875$$

$$w_{3,2}=w_{2,2}+0.25(-w_{2,1}+w_{2,2})=-0.625+0.25\times(-1.5-0.625)=-1.15625$$

$$w_{4,1}=w_{3,1}+0.25(w_{3,1}+w_{3,2})=1.71875+0.25\times(1.71875-1.15625)=1.859375$$

$$w_{4,2}=w_{3,2}+0.25(-w_{3,1}+w_{3,2})=-1.15625+0.25\times(-1.71875-1.15625)=-1.875$$

7.3.2 高阶微分方程组的初值问题

高阶微分方程组的初值问题一般要引入变量代换，转化为一阶方程组初值问题的方法求解。

方法如下：设高阶方程组的初值问题为

$$\begin{cases} y^{(m)}(x)=f(x,y,y',\cdots,y^{(m-1)}) \\ y(a)=s_1,y'(a)=s_2,\cdots,y^{(m-1)}(a)=s_m \end{cases} \tag{7.7}$$

引进新变量 $y_1=y$，$y_2=y'$，…，$y_m=y^{(m-1)}$，则上式可转化为一阶方程组的初值问题

$$\begin{cases} y_1'=y_2 \\ y_2'=y_3 \\ \vdots \\ y_{m-1}'=y_m \\ y_m'=f(x,y_1,y_2,\cdots y_m) \end{cases} \tag{7.8}$$

初值

$$\begin{cases} y_1(a)=s_1 \\ y_2(a)=s_2 \\ \vdots \\ y_m(a)=s_m \end{cases}$$

例 7.5 把三阶微分方程 $y'''-y'=t$ 化成 3 个一阶方程组。

解：令

$$y_1=y,\ y_2=y',\ y_3=y''$$

上式可以写为

$$\begin{cases} y_1'=y_2 \\ y_2'=y_3 \\ y_3'=y_2+t \end{cases}$$

7.4 龙格-库塔方法

龙格-库塔方法是求解常微分方程初值问题的一类高精度的单步法。用一阶泰勒展开式推导出欧拉公式，其余项为 $O(h^2)$，所以是一阶方法。类似地，若用 p 阶泰勒展开式：

$$y_{n+1}=y(x_n)+hy'(x_n)+\frac{h^2}{2!}y''(x_n)+\cdots+\frac{h^p}{p!}y^{(p)}(x_n)+O(h^{p+1})$$

式中

$$y'(x)=f(x,y)$$
$$y''(x)=f'_x(x,y)+f'_y(x,y)f(x,y)+\cdots$$

进行离散化，所得数值公式为 p 阶方法。由此，我们能够想到，通过提高泰勒公式的阶数，可以得到高精度的数值计算方法。

龙格-库塔方法的一般形式为：

$$\begin{cases}y_{n+1}=y_n+h\sum\limits_{i=1}^{p}c_ik_i\\ k_1=f(x_n,y_n)\\ \vdots\\ k_i=f\left(x_n+a_ih,y_n+h\sum\limits_{j=1}^{i-1}b_{ij}k_j\right)\end{cases}\quad(i=2,3,\cdots p)\tag{7.9}$$

式中，a_i、b_{ij}、c_i 都是待定参数。确定它们的原则是使公式在（x_n，y_n）处的泰勒展开式与微分方程的解 $y(x)$，在 x_n 处的泰勒展开式前面的项尽可能相同。设 $p=2$，此时，计算公式为

$$\begin{cases}y_{n+1}=y_n+h(c_1k_1+c_2k_2)\\ k_1=f(x_n,y_n)\\ k_2=f(x_n+a_2h,y_n+hb_{21}k_1)\end{cases}$$

将上式在（x_n，y_n）处泰勒展开

$$\begin{aligned}y_{n+1}&=y_n+h[c_1f(x_n,y_n)+c_2f(x_n+a_2h,y_n+hb_{21}f(x_n,y_n))]\\&=y_n+h[c_1f(x_n,y_n)+c_2(f(x_n,y_n)+a_2hf'_x(x_n,y_n)+b_{21}hf'_y(x_n,y_n)f(x_n,y_n))]+O(h^3)\\&=y_n+(c_1+c_2)f(x_n,y_n)h+c_2[a_2f'_x(x_n,y_n)+b_{21}f'_y(x_n,y_n)f(x_n,y_n)]h^2+O(h^3)\end{aligned}$$

$y(x_{n+1})$ 在 x_n 处的泰勒展开式为

$$\begin{aligned}y(x_{n+1})&=y(x_n)+hy'(x_n)+\frac{h^2}{2}y''(x_n)+O(h^3)\\&=y(x_n)+f(x_n,y_n)h+\frac{h^2}{2}[f'_x(x_n,y_n)+f'_y(x_n,y_n)f(x_n,y_n)]+O(h^3)\end{aligned}$$

待定系数得到

$$\begin{cases} c_1 + c_2 = 1 \\ c_2 a_2 = \dfrac{1}{2} \\ c_2 b_{21} = \dfrac{1}{2} \end{cases}$$

4 个未知数，3 个方程，所以方程有无穷多个解，取 $c_1 = c_2 = \dfrac{1}{2}$，$a_2 = b_{21} = 1$，计算公式为

$$\begin{cases} y_{n+1} = y_n + \dfrac{h}{2}(k_1 + k_2) \\ k_1 = f(x_n, y_n) \\ k_2 = f(x_n + h, y_n + hk_1) \end{cases}$$

这就是改进的欧拉公式。

其中，二阶 Heun 格式为

$$\begin{cases} y_{n+1} = y_n + \dfrac{h}{4}(k_1 + 3k_2) \\ k_1 = f(x_n, y_n) \\ k_2 = f\left(x_n + \dfrac{2}{3}h, y_n + \dfrac{2}{3}hk_1\right) \end{cases} \tag{7.10}$$

在实际使用中最常用的是四阶龙格–库塔方法，其形式为

$$\begin{cases} y_{n+1} = y_n + \dfrac{h}{6}(k_1 + 2k_2 + 2k_3 + k_4) \\ k_1 = f(x_n, y_n) \\ k_2 = f\left(x_n + \dfrac{h}{2}, y_n + \dfrac{h}{2}k_1\right) \\ k_3 = f\left(x_n + \dfrac{h}{2}, y_n + \dfrac{h}{2}k_2\right) \\ k_4 = f(x_n + h, y_n + hk_3) \end{cases} \tag{7.11}$$

例 7.6 用四阶龙格–库塔方法求解

$$\begin{cases} \dfrac{dy}{dx} = 2xy \quad 0 \leqslant x \leqslant 1 \\ y(0) = 1 \end{cases}$$

取步长 $h = 0.2$。

解：计算公式为

$$\begin{cases} y_{n+1} = y_n + \dfrac{0.2}{6}(k_1 + 2k_2 + 2k_3 + k_4) \\ k_1 = 2x_n y_n \\ k_2 = 2\left(x_n + \dfrac{h}{2}\right)\left(y_n + \dfrac{h}{2}k_1\right) \\ k_3 = 2\left(x_n + \dfrac{h}{2}\right)\left(y_n + \dfrac{h}{2}k_2\right) \\ k_4 = 2(x_n + h)(y_n + hk_3) \end{cases}$$

计算结果见表7.2。

表7.2 例7.6计算结果

x_n	y_n	k_1	k_2	k_3	k_4
0	1	0	0.2	0.204	0.41632
0.2	1.0408107	0.4163243	0.6494659	0.6634544	0.9388013
0.4	1.01735096	0.9388077	1.2673904	1.3002486	1.7202712
0.6	1.04333215	1.7199858	2.474481	2.3212928	3.361281
0.8	1.8964414	3.0343062	3.9597696	4.163531	5.4434240
1.0	2.7181073				

例7.7 利用二阶 Heun 格式求解下列单摆运动方程的初值问题：

$$\frac{d^2\theta}{dt^2}+\frac{g}{l}\sin\theta=0$$

其中令$\frac{g}{l}=1$，初值为$\theta(0)=\frac{\pi}{3}$，$\frac{d\theta}{dt}(0)=-\frac{1}{2}$。

请按分量形式写出求解的递推公式；取$h=0.1$，计算$\theta(0.2)$。

解：

$$\begin{cases}\dfrac{d^2\theta}{dt^2}+\sin\theta=0\\[2mm] \theta(0)=\dfrac{\pi}{3}\\[2mm] \dfrac{d\theta}{dt}(0)=-\dfrac{1}{2}\end{cases}$$

令$\frac{d\theta}{dt}=z$，

得到

$$\begin{cases}\dfrac{d\theta}{dt}=z=f(t,\theta,z)\\[2mm] \dfrac{dz}{dt}=-\sin\theta=g(t,\theta,z)\\[2mm] \theta(0)=\dfrac{\pi}{3}\\[2mm] z(0)=-\dfrac{1}{2}\end{cases}$$

二阶 Heun 格式为

$$\begin{cases} y_{n+1} = y_n + \dfrac{h}{4}(k_1 + 3k_2) \\ k_1 = f(x_n, y_n) \\ k_2 = f\left(x_n + \dfrac{2}{3}h, y_n + \dfrac{2}{3}hk_1\right) \end{cases}$$

$$\begin{cases} \theta_{n+1} = \theta_n + h(k_1 + 3k_2)/4 \\ z_{n+1} = z_n + h(k_1 + 3k_2)/4 \\ k_1 = f(t_n, \theta_n, z_n) = z_k \\ s_1 = g(t_n, \theta_n, z_n) = -\sin\theta_n \\ k_2 = f\left(t_n + \dfrac{2}{3}h, \theta_n + \dfrac{2}{3}hk_1, z_n + \dfrac{2}{3}hs_1\right) = z_n - \dfrac{2}{3}h\sin\theta_n \\ s_2 = g\left(t_n + \dfrac{2}{3}h, \theta_n + \dfrac{2}{3}hk_1, z_n + \dfrac{2}{3}hs_1\right) = -\sin\left(\theta_n + \dfrac{2}{3}hz_n\right) \end{cases}$$

$$\begin{cases} \theta_{n+1} = \theta_n + h(k_1 + 3k_2)/4 = \theta_n + \dfrac{h}{4}(z_n + 3z_n - 2h\sin\theta_n) \\ \qquad = \theta_n + hz_n - \dfrac{h^2}{2}\sin\theta_n \\ z_{n+1} = z_n + h(s_1 + 3s_2)/4 \\ \qquad = z_n + \dfrac{h}{4}\left(-\sin\theta_n - 3\sin\left(\theta_n + \dfrac{2}{3}hz_n\right)\right) \end{cases}$$

因为 $\theta(0) = \dfrac{\pi}{3}$，$z(0) = -\dfrac{1}{2}$，有

$$\theta(0.1) = \frac{\pi}{3} + 0.1\left(-\frac{1}{2}\right) - \frac{0.1^2}{2}\sin\frac{\pi}{3} = 0.99287$$

$$z(0.1) = -\frac{1}{2} + \frac{0.1}{4}\left(-\sin\frac{\pi}{3}\right) - \sin\left(\frac{\pi}{3} + \frac{2}{3} \times 0.1 \times \left(-\frac{1}{2}\right)\right)$$

$$\approx -0.58532$$

$$\theta(0.2) = \theta(0.1) + 0.1z(0.1) - \frac{0.1^2}{2}\sin(0.1)$$

$$\approx 0.93266$$

7.5 边值问题的数值解*

以二阶常微分方程为例，为了确定它的唯一解，需要两个附加的定解条件。当定解条件为初始时刻的状态时，如 $y(x_0) = a_0$，$y_1'(x_0) = a_1$，则相应的问题称为初值问题；当定解条件为解在区间 $[a, b]$ 两端时，如 $y(a) = \alpha$，$y(b) = \beta$，相应问题称为边值问题。下面以一般二阶常微分方程边值问题为例进行讨论

$$\begin{cases} y'' = f(x, y, y') \\ y(a) = \alpha,\ y(b) = \beta \end{cases} \quad x \in (a, b) \tag{7.12}$$

7.5.1 打靶法

打靶法的工作原理是：把边界条件考虑为在某些点的初始条件的多变量函数，把边值问题简化为寻找给出一个根的初始条件，简而言之就是把边值问题转化为相应的初值问题求解。打靶法的优点是它对于初值问题的速度和自适应性优势的利用。该方法的缺点是它并不像有限差分法那么稳健。

假定 $y'(a)=t$，这里的 t 为解 $y(x)$ 在 $x=a$ 处的斜率，于是初值问题为

$$\begin{cases} y''=f(x,y,y') \\ y(a)=\alpha \\ y'(a)=t \end{cases} \tag{7.13}$$

令 $z=y'$，上述的二阶方程转化为一阶方程组

$$\begin{cases} y'=z \\ z'=f(x,y,y') \\ y(a)=\alpha \\ z(a)=t \end{cases} \tag{7.14}$$

问题转化为求合适的 t，使上述初值问题的解 $y(x,\ t)$ 在 $x=b$ 的值满足右端边界条件

$$y(b,t)=\beta$$

这样初值问题（7.13）的解 $y(x,\ t)$ 就是边值问题（7.12）的解。对于给定的 t，求式(7.13）的初值问题可以用 Euler 方法，龙格-库塔方法等初值问题的数值解法求解。

理论上 $y(x,\ t)$ 是隐含 t 的连续函数，如果 $y(x,\ t)$ 已知，要使 $y(b,\ t)=\beta$ 成立，可以通过求非线性方程 $y(b,\ t)=\beta$ 的零点来求得合适的 t，也可以使用牛顿法或者其他的方法。

实际上，$y(x,\ t)$ 是很难找到的，因此必须寻找满意的离散解数值解。所以这个方法不是很方便。

7.5.2 差分方法

由泰勒展开可以得到

$$y''(x)=\frac{\dfrac{y(x+h)-y(x)}{h}-\dfrac{y(x)-y(x-h)}{h}}{h}-\frac{h^2}{12}y^{(4)}(\xi)$$
$$=\frac{y(x+h)-2y(x)+y(x-h)}{h^2}+O(h^2)$$

$$y'(x)=\frac{y(x+h)-y(x-h)}{2h}+O(h^2)\text{（即中心差商近似导数）}$$

现将求解区间 $[a,\ b]N$ 等分，取节点 $x_i=a+ih(i=0,\ 1,\ \cdots,\ N)$。在每一个节点外将式(7.12）中的 y'' 和 y' 离散化，得到

$$\begin{cases} \dfrac{y_{i+1}-2y_i+y_{i-1}}{h^2}=f\left(x_i,y_i,\dfrac{y_{i+1}-y_{i-1}}{2h}\right) \quad (i=1,\cdots,N-1) \\ y_0=\alpha,y_N=\beta \end{cases} \tag{7.15}$$

若 f 是 y 和 y' 的线性函数，即 f 可以写成

$$f(x,y,y')=p(x)y'(x)+q(x)y(x)+r(x)$$

$$y''(x)=p(x)y'(x)+q(x)y(x)+r(x)$$

令

$$y=v(x)\mathrm{e}^{\frac{1}{2}\int p(x)\mathrm{d}x}$$

$$y'(x)=v'(x)\mathrm{e}^{\frac{1}{2}\int p(x)\mathrm{d}x}+\frac{1}{2}v(x)p(x)\mathrm{e}^{\frac{1}{2}\int p(x)\mathrm{d}x}$$

$$y''(x)=v''(x)\mathrm{e}^{\frac{1}{2}\int p(x)\mathrm{d}x}+\frac{1}{2}v'(x)p(x)\mathrm{e}^{\frac{1}{2}\int p(x)\mathrm{d}x}+\frac{1}{2}v'(x)p(x)\mathrm{e}^{\frac{1}{2}\int p(x)\mathrm{d}x}$$
$$+\frac{1}{4}v(x)p^2(x)\mathrm{e}^{\frac{1}{2}\int p(x)\mathrm{d}x}+\frac{1}{2}v(x)p'(x)\mathrm{e}^{\frac{1}{2}\int p(x)\mathrm{d}x}$$

$$v''(x)\mathrm{e}^{\frac{1}{2}\int p(x)\mathrm{d}x}+\frac{1}{2}v(x)p'(x)\mathrm{e}^{\frac{1}{2}\int p(x)\mathrm{d}x}=\frac{1}{4}v(x)p^2(x)\mathrm{e}^{\frac{1}{2}\int p(x)\mathrm{d}x}+v(x)q(x)\mathrm{e}^{\frac{1}{2}\int p(x)\mathrm{d}x}+r(x)$$

所以 $v''(x)=\left[q(x)+\frac{1}{4}p^2(x)-\frac{1}{2}p'(x)\right]v(x)+r(x)\mathrm{e}^{-\frac{1}{2}\int p(x)\mathrm{d}x}$

不妨设变化后的方程为

$$\begin{cases}y''-q(x)y(x)=r(x)\\ y(a)=\alpha,y(b)=\beta\end{cases}$$

则近似差分方程为

$$\begin{cases}\dfrac{y_{i+1}-2y_i+y_{i-1}}{h^2}-q_iy_i=r_i\\ y_0=\alpha,y_N=\beta\end{cases}\tag{7.16}$$

其中 $q_i=q(x_i)$，$r_i=r(x_i)$，$i=1$，…，$N-1$。将式(7.16) 合并同类项整理得方程组：

$$\begin{cases}y_0=\alpha\\ y_{i-1}-(2+q_ih^2)y_i+y_{i+1}=r_ih^2,\quad(i=1,\cdots,N-1)\\ y_N=\beta\end{cases}\tag{7.17}$$

可见只要 $q_i\geqslant0$，则方程组的系数矩阵为弱对角占优的三对角阵，可以用追赶法求解。

误差估计为

$$|R_i|=|y(x_i)-y_i|\leqslant\frac{M}{24}h^2(x_i-a)(b-x_i)$$

其中 $M=\max\limits_{x\in[a,b]}|y^{(4)}(x)|$（证明从略）。

注意 更一般的边界条件可以写成下述形式

$$\alpha_0y'(a)+\beta_0y(a)=\gamma_0,\alpha_1y'(b)+\beta_1y(b)=\gamma_1$$

其中 α_i，β_i，$\gamma_i(i=0,1)$ 均为常数。这时边界条件也须相应离散化为

$$\begin{cases}\alpha_0\cdot\dfrac{y_1-y_0}{h}+\beta_0y_0=\gamma_0\\ \alpha_1\cdot\dfrac{y_N-y_{N-1}}{h}+\beta_1y_N=\gamma_1\end{cases}\Rightarrow\begin{cases}(-\alpha_0+\beta_0h)y_0+\alpha_0y_1=\gamma_0h\\ -\alpha_1y_{N-1}+(\alpha_1+\beta_1h)y_N=\gamma_1h\end{cases}$$

与式(7.17) 中间的（$N-1$）个方程一起，仍然构成含（$N+1$）未知数的线性方程组。

7.6 收敛性和稳定性

7.6.1 显式单步法的一般形式

设$f(t, u)$ 充分光滑，并且满足初值问题

$$\begin{cases}\dfrac{\mathrm{d}u}{\mathrm{d}t}=f(t,u)\\ u(0)=u_0\end{cases} \tag{7.18}$$

在区间 $[0, T]$ 上的解 $u(t)$ 存在唯一，并且相当光滑。

把区间分成 N 等分，$h=t/N$，

$$t_j=jh, u_j=u(t_j), j=0,1,\cdots,N \tag{7.19}$$

显式单步法是选择函数 $\varphi(t, u, h)$，按递推公式

$$u_{j+1}=u_j+h\varphi(t_j,u_j,h), j=0,1,\cdots,N \tag{7.20}$$

求出序列

$$u_0,u_1,\cdots,u_N$$

作为初值问题的近似解。

递推公式中的 $\varphi(t, u, h)$ 称为增量函数。例如四阶龙格–库塔方法的增量函数为

$$\varphi(t,u,h)=\frac{1}{6}[k_1(t,u)+2k_2(t,u,h)+2k_3(t,u,h)+k_4(t,u)] \tag{7.21}$$

其中

$$\begin{cases}k_1(t,u)=f(t,u)\\ k_2(t,u,h)=f\left(t+\dfrac{1}{2}h,u+\dfrac{1}{2}hk_1(t,u)\right)\\ k_3(t,u,h)=f\left(t+\dfrac{1}{2}h,u+\dfrac{1}{2}hk_2(t,u,h)\right)\\ k_4(t,u,h)=f(t+h,u+hk_3(t,u,h))\end{cases} \tag{7.22}$$

和之前一样，局部误差定义为

$$T_{j+1}=u(t_{j+1})-u(t_j)-h\varphi(t_j,u(t_j),h) \tag{7.23}$$

利用泰勒公式得到

$$\begin{aligned}T_{j+1}&=u(t_j)+hu'(t_j)+\cdots-u(t_j)-h\varphi(t_j,u(t_j),0)+\cdots\\&=h[u'(t_j)-\varphi(t_j,u(t_j),0)]+O(h^2)\end{aligned}$$

由此可见，T_{j+1}的阶大于等于 2 的充分条件是

$$f(t_j,u(t_j))=u'(t_j)=\varphi(t_j,u(t_j),0)$$

如果选择增量函数 $\varphi(t, u, h)$ 使得

$$\varphi(t,u,0)=f(t,u) \tag{7.24}$$

则单步法的局部截断误差的阶大于或等于 2。

7.6.2 单步法的收敛性

收敛性的定义已经在前面介绍过，收敛的充分条件由下列定理给出。

定理 7.2 假设$f(t, u)$充分光滑，满足本章开始所说的条件；增量函数$\varphi(t, u, h)$满足式(7.24)，并且关于u满足 Lipschitz 条件，即存在常数L，使得

$$|\varphi(t,u,h)-\varphi(t,v,h)|\leqslant L|u-v| \tag{7.25}$$

对任何u，v都成立。则单步法中式(7.20)收敛。

证明：证法和前面折线法的收敛定理类似，概述如下。

首先，局部截断误差的阶大于或等于2，即式(7.23)定义T_{j+1}的满足条件

$$|T_{j+1}|\leqslant h^{p+1}K,\ p\geqslant 1$$

其中K为常数。

其次，将式(7.20)与式(7.23)两式相减，利用 Lipschitz 条件导出

$$|\varepsilon_{j+1}|\leqslant|\varepsilon_j|(1+hL)+h^{p+1}K$$

引理 7.1 设$\alpha>0$，β为非负实数，且实数序列$\{\eta_j\}$满足递推不等式

$$|\eta_{j+1}|\leqslant(1+\alpha)|\eta_j|+\beta, j=0,1,\cdots,N$$

则

$$|\eta_j|\leqslant \mathrm{e}^{j\alpha}|\eta_0|+\frac{\beta}{\alpha}(\mathrm{e}^{j\alpha}-1), j=0,1,\cdots,N$$

最后引理 7.1 得

$$|\varepsilon_j|\leqslant \mathrm{e}^{LT}|\varepsilon_0|+h^p\frac{K}{L}(\mathrm{e}^{LT}-1)$$

利用此定理可以证明显式单步法的收敛性。现以四阶龙格-库塔方法为例，说明如下。

首先，由式(7.21)、式(7.22)，易于证明$\varphi(t, u, h)$满足式(7.24)；其次，由$f(t, u)$满足 Lipschitz 条件，从式(7.21)、式(7.22)两式陆续得

$$|k_1(t,u)-k_1(t,v)|\leqslant L|u-v|$$

$$|k_2(t,u,h)-k_2(t,v,h)|\leqslant L\left|u-v+\frac{1}{2}hk_1(t,u,h)-\frac{1}{2}hk_1(t,v,h)\right|\leqslant L(1+\frac{1}{2}hL)|u-v|$$

$$|k_3(t,u,h)-k_3(t,v,h)|\leqslant L[(1+\frac{1}{2}hL)+\frac{1}{4}(hL)^2]|u-v|$$

$$|k_4(t,u,h)-k_4(t,v,h)|\leqslant L[1+hL+\frac{1}{2}(hL)^2+\frac{1}{4}(hL)^3]|u-v|$$

这样一来，

$$|\varphi(t,u,h)-\varphi(t,v,h)|\leqslant L(1+\frac{1}{2}hL+\frac{1}{6}(hL)^2+\frac{1}{24}(hL)^3)|u-v|$$

上式说明φ关于u满足 Lipschitz 条件。根据定理 7.2，标准四阶龙格-库塔法是收敛的。

7.6.3 单步法的稳定性

设u_j和v_j分别是由初值u_0、v_0出发，在没有舍入误差的条件下用数值方法求出的。如果存在常数C和h_0，对于任何满足条件$0<h<h_0$，$jh\leqslant T$的h和j，都有

$$|u_j-v_j|\leqslant C|u_0-v_0| \tag{7.26}$$

就说明此方法是稳定的。这种稳定性的意义是，对于任何$0<h<h_0$，$jh\leqslant T$，在没有舍入误差的条件下，仅仅初值有误差（观测误差或舍入误差），那么两个数值解的差的绝对值不超过初值误差的绝对值乘以与h无关的正常数C。

应 用 实 例

微分方程是含有导数的方程。一阶微分方程：$y'(t)=f(t,y(t))$，表示量 y 关于当前时间和当前的量值的改变率。微分方程组用于建模、推断和预测随时间而改变的系统。

引入微分方程的概念后，我们要详细地叙述和分析 Euler 方法。随后是更复杂的高级方法，并且讨论了有趣的微分方程组的例子。为了有效地求解，变步长是重要的，并且对于刚性问题而言还需要用特殊的方法。本章结束时将介绍隐式方法和多步方法。

教学要求：

1. 了解微分方程组是用于建模、推断和预测随时间而改变的系统，往往没有封闭形式的解，只能求助于近似解。借助计算方法的常微分方程可以求近似解。

2. 熟悉龙格-库塔方法及其应用。

3. 掌握 Euler 方法、显式梯形方法、Taylor 方法、常微分方程组的解法。教学重点和难点：掌握 Euler 方法、解的存在性、唯一性和连续性、局部截断误差和整体截断误差、显式梯形方法、Taylor 方法、常微分方程组的解法。

解微分方程的 MATLAB 命令：

MATLAB 中主要用 dsolve 求符号解析解，ode45、ode23、ode15 求数值解。

ode45 是最常用的求解微分方程数值解的命令，对于刚性方程组不宜采用。ode23 与 ode45 类似，只是精度低一些。ode12s 用来求解刚性方程组，使用格式同 ode45。可以用 help dsolve，help ode45 查阅有关这些命令的详细信息。

例 7.8　求下列微分方程的解析解

（1）$y'=ay+b$

（2）$y'=\sin(2x)-y$，$y(0)=0$，$y'(0)=1$

（3）$f'=f+g$，$g'=g-f$，$f'(0)=1$

方程（1）求解的 MATLAB 代码为：

```
>> clear;
>> s=dsolve('Dy=a* y+b')
```

结果为

```
s =
-(b - C2* exp(a* t))/a
```

Command Window
>> clear;
>> s=dsolve('Dy=a*y+b')
s =
-(b - C2*exp(a*t))/a

方程（2）求解的 MATLAB 代码为：

```
>>clear;
>>s=dsolve('D2y=sin(2*x)-y','y(0)=0','Dy(0)=1','x')
>>simplify(s)   % 以最简形式显示 s
```

结果为

```
s=(-1/6*cos(3*x)-1/2*cos(x))*sin(x)+(-1/2*sin(x)
+1/6*sin(3*x))*cos(x)+5/3*sin(x)
ans=-2/3*sin(x)*cos(x)+5/3*sin(x)
```

```
Command Window                                    → □ ⫿ ×

  >>  clear;
  >>  s=dsolve('D2y=sin(2*x)-y','y(0)=0','Dy(0)=1','x');
  >>  simplify(s)

  ans =

  -(sin(x)*(2*cos(x) - 5))/3
```

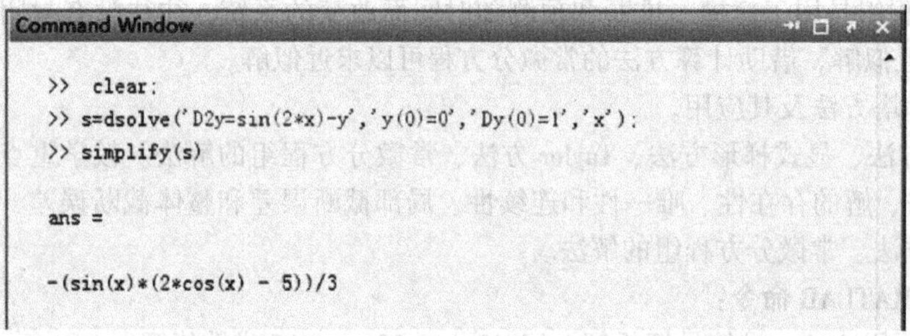

方程（3）求解的 MATLAB 代码为：

```
>>clear;
>>s=dsolve('Df=f+g','Dg=g-f','f(0)=1','g(0)=1')
>>simplify(s.f)    % s 是一个结构
>>simplify(s.g)
```

结果为

```
ans=exp(t)*cos(t)+exp(t)*sin(t)
ans=-exp(t)*sin(t)+exp(t)*cos(t)
```

```
Command Window                                    → □ ⫿ ×

  >>  clear;
  >>  s=dsolve('Df=f+g','Dg=g-f','f(0)=1','g(0)=1');
  >>  simplify(s.f)

  ans =

  exp(t)*(cos(t) + sin(t))

  >>  simplify(s.g)

  ans =

  exp(t)*(cos(t) - sin(t))
```

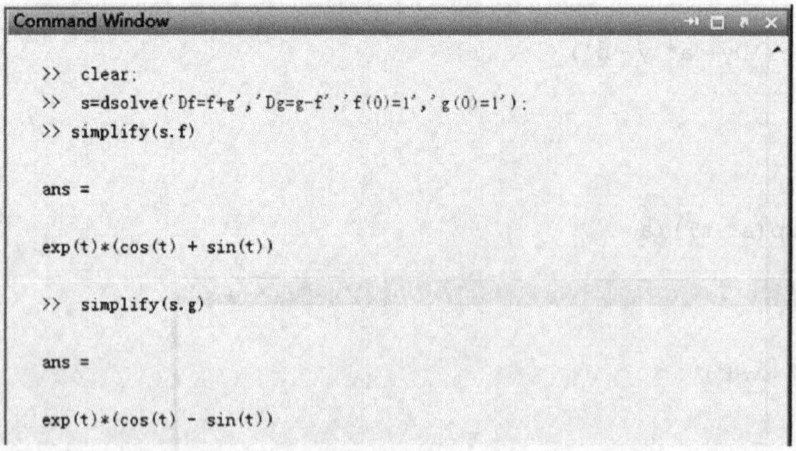

例 7.9　求解微分方程

$$y' = -y + t + 1, y(0) = 1$$

解：先求解析解，再求数值解，并进行比较。由

```
>>clear;
>>s=dsolve('Dy=-y+t+1','y(0)=1','t')
>>simplify(s)
```

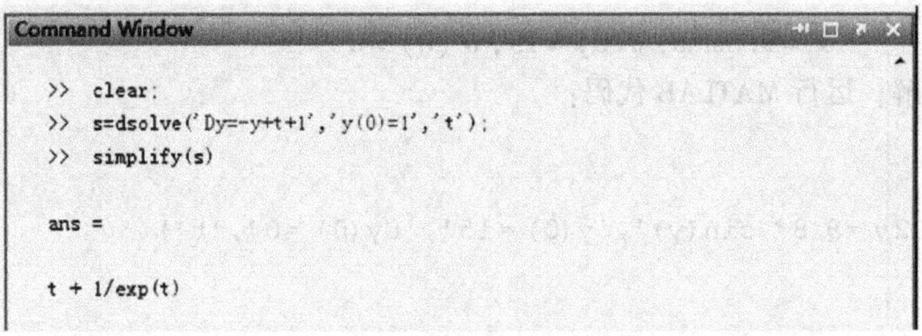

可得解析解为 $y=t+e^{-t}$。下面再求其数值解，先编写 M 文件 fun8. m。

```
% M函数 fun8.m
function f=fun8(t,y)
f=-y+t+1;
```

再用命令

```
>>clear; close; t=0:0.1:1;
>>y=t+exp(-t); plot(t,y); % 画解析解的图形
>>hold on;  % 保留已经画好的图形,如果下面再画图,两个图形合并在一起
>>[t,y]=ode45('fun8',[0,1],1);
>>plot(t,y,'ro');  % 画数值解图形,用红色小圈画
>>xlabel('t'),ylabel('y')
```

结果如图 7.5 所示。

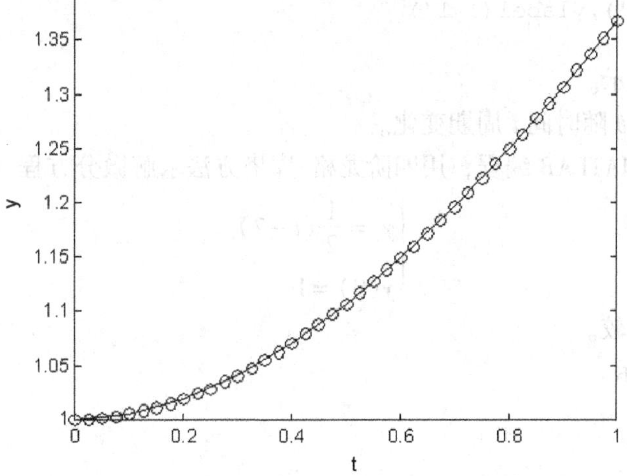

图 7.5 解析解与数值解

由图 7.5 可见，解析解和数值解吻合得很好。

例 7.10 求方程

$$ml\theta'' = mg\sin\theta,\ \theta(0) = \theta_0,\ \theta'(0) = 0$$

的数值解，取 $l=1$，$g=9.8$，$\theta(0)=15$

解：上面方程可化为

$$\theta'' = 9.8\sin\theta,\ \theta(0) = 15,\ \theta'(0) = 0$$

先看看有没有解析解，运行 MATLAB 代码：

```
>>clear;
>>s=dsolve('D2y=9.8* sin(y)','y(0)=15','Dy(0)=0','t')
>>simplify(s)
```

知原方程没有解析解。下面求数值解。令 $y_1=\theta$，$y_2=\theta'$ 可将原方程化为如下方程组

$$\begin{cases} y_1' = y_2 \\ y_2' = 9.8\sin(y_1) \\ y_1(0) = 15,\ y_2(0) = 0 \end{cases}$$

建立 M 文件 fun9.m 如下

```
% M文件 fun9.m
function f=fun9(t,y)
f=[y(2), 9.8* sin(y(1))]';   % f向量必须为一列向量
```

运行 MATLAB 代码：

```
>>clear; close;
>>[t,y]=ode45('fun9',[0,10],[15,0]);
>>plot(t,y(:,1));  % 画θ随时间变化图,y(:2)则表示θ'的值
>>xlabel('t'),ylabel('y1')
```

结果如图 7.6 所示。

由图 7.6 可见，θ 随时间 t 周期变化。

例 7.11 试用 MATLAB 编程，用四阶龙格-库塔方法求解微分方程

$$\begin{cases} y' = \frac{1}{2}(t-2) \\ y(0) = 1 \end{cases}$$

并与准确结果比较。

解：程序如下所示

```
clear all;
h=0.25;      % step size
% xf, x location at where you wish to see the solution to the ODE
```

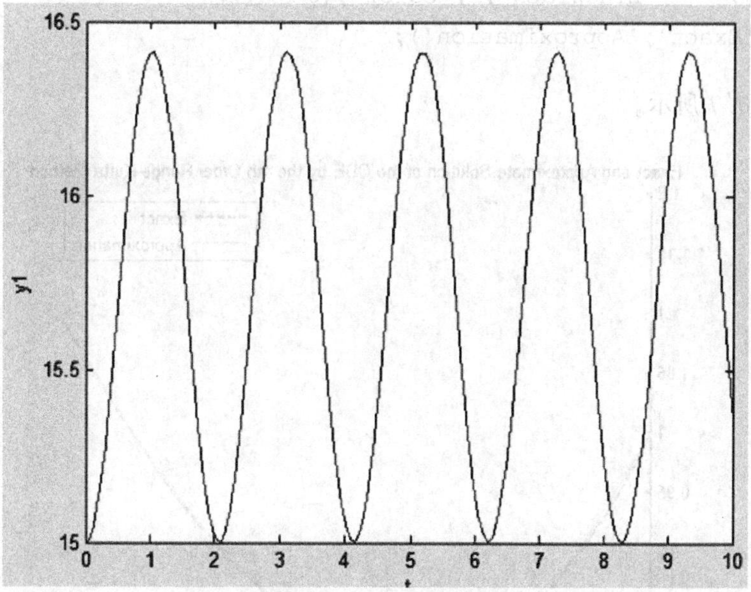

图 7.6 数值解

```
xf =2 ;
x = 0:h:xf; % Calculates upto xf
y = zeros(1,length(x));
y(1) = 1; % initial condition, y(0)
% ODE, y' = (t - y)/2, y(0) = 1
F_xy = @ (t, y) (t - y)/2; % change the function as you desire
for i =1:(length(x) -1) % calculation loop
    k_1 = F_xy(x(i),y(i));
    k_2 = F_xy(x(i) +0.5* h,y(i) +0.5* h* k_1);
    k_3 = F_xy((x(i) +0.5* h),(y(i) +0.5* h* k_2));
    k_4 = F_xy((x(i) +h),(y(i) +k_3* h));
    y(i +1) = y(i) + (1/6)* (k_1 +2* k_2 +2* k_3 +k_4)* h; % main equation
end
% The following finds what is called the 'Exact' solution
x0 = x(1); y0 = y(1);
xspan = [x0 xf];
[x_ode45, y_ode45] = ode45(F_xy,xspan,y0);
% Plotting the Exact and Approximate solution of the ODE.
hold on
xlabel('x');ylabel('y');
title('Exact and Approximate Solution of the ODE by the 4th Order Runge -
Kutta Method');
plot(x_ode45,y_ode45,' -- ','LineWidth',2,'Color',[0 0 1]);
```

```
plot(x,y,'-','LineWidth',2,'Color',[0 1 0]);
legend('Exact','Approximation');
```

结果如图 7.7 所示。

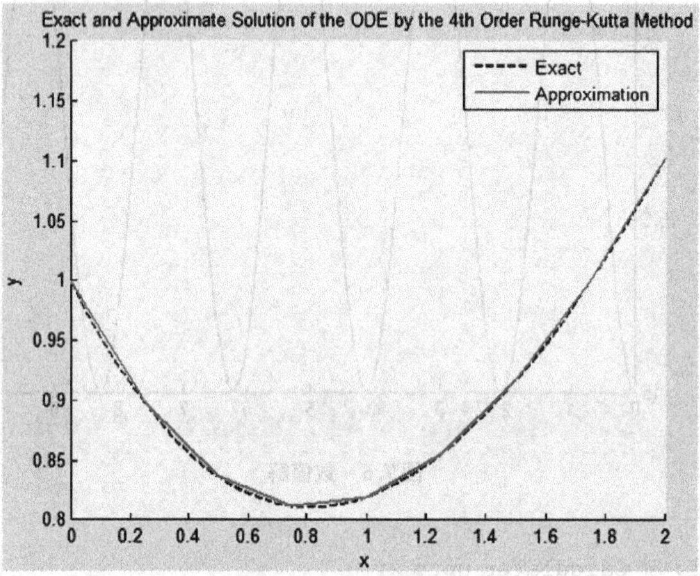

图 7.7　例 7.11 结果图

习　题

1. 用欧拉法求初值问题

（1）$\begin{cases} y' = 1 - \dfrac{2ty}{1+t^2},\ 0 < t \leqslant 2 \\ y(0) = 0 \end{cases}$ 取步长 $h = 0.5$，计算结果保留六位小数。

（2）$\begin{cases} \dfrac{dy}{dx} = -y + x + 1,\ 0 \leqslant x \leqslant 1 \\ y(0) = 1 \end{cases}$ 取 $h = 0.1$，计算结果保留六位小数。

2. 用梯形法解初值问题

（1）$\begin{cases} \dfrac{dy}{dx} = 8 - 3y,\ 1 \leqslant x \leqslant 2 \\ y(1) = 2 \end{cases}$ 取 $h = 0.2$，小数点保留 5 位。

（2）$\begin{cases} \dfrac{dy}{dx} = -y + x + 1,\ 0 \leqslant x \leqslant 1 \\ y(0) = 1 \end{cases}$ 取 $h = 0.2$，计算结果保留六位小数。

3. 试推导求解初值问题 $\begin{cases} \dfrac{dy}{dx} = f(xy) \\ y(x_0) = y_0 \end{cases}$ 的如下数值格式：

$$y_{n+1}=y_n+hf(x_ny_n)+\frac{h^2}{2}f'(x_ny_n)[y_n+x_n(x_ny_n)],(n=0,1,2,\cdots)$$

并说明它是多少阶的。

4. 对初值问题 $y'=-y+x+1$，$y(0)=1$，取步长 $h=0.1$，用四阶经典龙格–库塔求解 $y(0.2)$ 的近似值。

5. 用二阶泰勒展开法求初值问题 $\begin{cases}\dfrac{\mathrm{d}x}{\mathrm{d}y}=x^2+y^2\\ y(1)=1\end{cases}$ 在 $x=1.5$ 时的近似值（取步长 $h=0.25$，小数点后至少保留5位）。

“两弹一星”功勋科学家：王淦昌

参考文献

[1] 袁东锦．计算方法——数值分析［M］. 南京：南京师范大学出版社，2004.
[2] 金一庆，陈越，等．数值方法［M］. 北京：机械工业出版社，2000.
[3] Sauer T. 数值分析［M］. 吴兆金，王国英，范红军．译．北京：人民邮电出版社，2010.
[4] 孙志忠，等．数值分析［M］. 南京：东南大学出版社，2002.
[5] 吴勃英，等．数值分析原理［M］. 北京：科学出版社，2003.
[6] 薛毅，等．数值分析与实验［M］. 北京：北京工业大学出版社，2005.
[7] 刘长安，等．数值分析教程［M］. 西安：西北工业大学出版社，2005.
[8] 齐治昌，等．数值分析及其应用［M］. 长沙：国防科技大学出版社，1996.
[9] 徐士良，等．数值分析与算法［M］. 北京：机械工业出版社，2003.
[10] 奚梅成，等．数值分析方法［M］. 合肥：中国科学技术大学出版社，1995.
[11] 杨万利，等．数值分析教程［M］. 北京：国防工业出版社，2002.
[12] 姜健飞，等．数值分析及其 MATLAB 实验［M］. 北京：科学出版社，2004.
[13] 孙志忠，等．数值分析全真试题解析［M］. 南京：东南大学出版社，2004.
[14] 蔡大用，等．数值分析与实验学习辅导［M］. 北京：清华大学出版社，2001.
[15] 韩旭里，等．数值分析［M］. 北京：高等教育出版社，2011.
[16] 刘则毅，等．科学计算技术与 Matlab［M］. 北京：科学出版社，2001.
[17] 王兵团，等．MATLAB 与数学实验［M］. 北京：中国铁道出版社，2002.
[18] 徐金明，张孟喜，等．MATLAB 实用教程［M］. 北京：清华大学出版社，2005.
[19] 张铮，等．MATLAB 程序设计与实例应用［M］. 北京：中国铁道出版社，2002.
[20] 陆君安，等．偏微分方程的 MATLAB 解法［M］. 武汉：武汉大学出版社，2001.
[21] 刘宏友，彭锋，等．MATLAB 6. x 符号运算及其应用［M］. 北京：机械工业出版社，2003.